# WHAT LIFE SHOULD MEAN TO YOU

# 活出真正的价值 12堂必修课

释放内在的渴望，在怡然、自在、富有的空间漫步

中国城市出版社

·北 京·

**图书在版编目（CIP）数据**

活出真正的价值12堂必修课／（奥）阿德勒（Adler，A.）著；汪洪澜译．—北京：中国城市出版社，2012.2

ISBN 978-7-5074-2548-2

Ⅰ.①活…　Ⅱ.①阿…　②汪…　Ⅲ.①人生哲学—通俗读物　Ⅳ.①B821-49

中国版本图书馆CIP数据核字（2012）第017271号

| | |
|---|---|
| 责任编辑 | 吕洪梅（lhm730@sina.com，13693396772） |
| 封面设计 | V·智创意 |
| 责任技术编辑 | 张建军 |
| 出版发行 | 中国城市出版社 |
| 地　　址 | 北京市西城区广安门南街甲30号（邮编：100053） |
| 网　　址 | www.citypress.cn |
| 发行部电话 | （010）63454857　63289949 |
| 发行部传真 | （010）63421417　63400635 |
| 总编室电话 | （010）68171928 |
| 总编室信箱 | citypress@sina.com |
| 经　　销 | 新华书店 |
| 印　　刷 | 北京集惠印刷有限责任公司 |
| 字　　数 | 197千字　　印张　16.25 |
| 开　　本 | 710×1000（毫米）　1/16 |
| 版　　次 | 2012年4月第1版 |
| 印　　次 | 2012年4月第1次印刷 |
| 定　　价 | 28.00元 |

# 译者序

假如您的孩子功课不大理想，为了帮他提高成绩，您是不是会不断地给他报各种各样的补习班呢？阿德勒说，这样做是治标不治本，正确的做法应该是先找出孩子学习不好的真正原因——或许他想得到父母更多的关心，或许他想让老师生气，又或许是因为他不大会处理和同学的关系，于是便对学校的一切产生了厌倦和反感……

假如您的孩子从小就邋里邋遢、不注意个人形象，您是不是觉得不在乎外表是不拘小节的表现、孩子只要听话好学就行？阿德勒说，孩子的这种表现其实是一种不健康的发展倾向，证明他比较缺乏社会感，不大顾及别人的感受，是个以自我为中心的人……

假如您的孩子不愿意和别人打交道、只喜欢一个人待在家里，您是不是会认为这只是性格内向而已？或者你很担心却又不知道怎么办才好。阿德勒说，这样的孩子缺乏合作精神，对外界充满了戒备之心，所以做父母的一定要注意培养他的社会兴趣，让他对别人有好感，让他相信爱、平等以及友谊等美好的事物是真正存在的。只有这样，孩子才能够勇气十足地迎接人生的各种挑战，否则，当压力来临的时候，他会不断退缩，而当没路可退的时候，就只有彻底崩溃了。

阿尔弗雷德·阿德勒（Alfred Adler 1870－1937），奥地利精神病学家，个体心理学创始人，1870 年 2 月 17 日诞生于奥地利首都维也纳一个殷实的犹太商人家庭，1895 年于维也纳医学院获得医学博士学位，1911 年成立“个体心理学协会”，成为了个体心理学的先驱者。从 1926 年起，阿德勒应邀访问美国，在当地大受欢迎。1932 年成为纽约长岛医学院心理教授，1934 年决定在美国定居。1937 年，他在欧洲讲学的时候，因心脏病突发逝于苏格兰的阿伯登。

弗洛伊德对阿德勒的学术生涯有很重要的影响，他们二人曾经有过十年的合作经历，但最终却由于观点不相容而分道扬镳。1900 年，弗洛伊德《梦的解析》一书出版，阿德勒读了之后深有共鸣，于是便写了一篇论文支持弗洛伊德的观点。或许是由于这个原因，弗洛伊德邀请阿德勒加入了维也纳精神分析协会，将他视为自己的忠实信徒，并最终推举他为精神分析协会主席。可是没多久，阿德勒与弗洛伊德的分歧便逐渐显露了出来。这两位心理学家最根本的分歧在于，弗洛伊德过于强调人的生物本能，而阿德勒反对这种泛性论，他认为对人格发展起决定作用的并不是力比多，而是生活方式（lifestyle）。“生活方式”后来成了阿德勒心理学的一个基本概念，指的是一个人对自己、对世界的看法以及他在处理各种事情的时候所表现出的行为模式。阿德勒认为之所以我们每个人都是一个独特的存在，原因在于人的生活方式就像指纹一样，没有哪两个人的是完全相同的。由于和弗洛伊德的观念相左，阿德勒于 1911 年退出精神分析协会另立门派，从此便致力于发展并完善“个体心理学”理论体系。与此同时，阿德勒主张实践出真知，主张将个体心理学理论应用于教育领域。他在维也纳许多学校建立了指导中心，对学生进行心理辅导，而且还开设了一些课程、做了许多公开演讲，以指导父母和教师怎样去教育儿童。

阿德勒一生著作颇丰，其中大部分是对非专业人士的公开演讲，本书作为他的代表作也不例外。

从本书中我们能深切地体会到阿德勒心理学的一大特点，即“感同身受”。具体来讲就是，阿德勒的许多重要观点都可以追溯到他的童年经历，都是他亲身体验的结果，是他人格发展的真实写照。

阿德勒家有六个孩子，他排行老二。阿德勒小时候其貌不扬且体弱多病，直到四岁才会走路，而相比之下，他的哥哥则健康活泼，是个典型的模范儿童，这不免使幼小的阿德勒自惭形秽，给他的童年蒙上了一层阴影。但阿德勒并没有被自身的不足打败，相反，正是在这种不足感和自卑感的激励下，他养成了积极进取、勇于突破、乐于交友的坚强性格，并且获得了巨大的进步。因此，阿德勒绝对不相信决定论，也不相信遗传的作用，他认为人的潜力是无限的，只要善于挖掘就一定会成功，他说：“身体缺陷必然会造成许多障碍，但这些障碍绝不是不可逾越的。假如心灵本身很活跃、很进取，愿意勇往直前地去克服障碍，那么有身体缺陷的人也会和健康人一样获得成功。”（见本书第二章《心灵与肉体》）

此外，阿德勒还总结出了一个术语——“自卑情结”，这可以说是个体心理学最著名的研究成果之一。他认为“我们每个人都有不同程度的自卑感，这是因为我们都会发现自己的处境总有不尽如人意的地方。要想摆脱自卑感，最直接、最实际、最有效的一个办法就是勇往直前、坚持不懈地改善自身处境。”（见本书第三章《自卑感与优越感》）因此，从某种意义来讲，自卑感并不是弱点，而是创造力的源泉。

五岁那年，阿德勒得了严重的肺炎，连医生都束手无策了，可几天后病情竟然奇迹般地好转了。而也就是在那一年，他三岁的大弟弟夭折了。当死亡的气息弥漫眼前的时候，年幼的阿德勒萌发了当医生的愿望，他希望能借这个职业来减轻痛苦并克服对死亡的恐惧。而这一切不仅促使阿德勒最终选择了心理医生的职业，还为他的理论提供了强有力的佐证（详见本书第三章）。

或许正是因为阿德勒善于用心去体会，善于反躬自省，善于设身处地、将心比心地去感受他人的想法，所以，当我们读到他的分析和讲述时，总会感觉到亲切真实的气息，总会在其中找到共鸣、找到对自己有用的东西。

本书还有一个特点，那就是教育父母和老师，而这也正是阿德勒学派的主要贡献之一。阿德勒认为，儿童教育的第一站是母亲，第二站是学校；如果必须要有人对教育失败负责的话，那么这个人就应当是家长和老师。对此阿德勒给出了许多建议，比如，做母亲的首先要真心地爱孩子，要让孩子觉得她是一个值得信赖的人，然后她应该逐步将孩子对她的信赖和好感引导到其他人身上，让孩子对自己的整个成长环境充满信赖和好感，从而与他人建立友好的合作关系；做教师的应该给予孩子细致入微的体贴和理解，应该鼓励孩子、增强孩子的信心和兴趣，还应该教导他怎样与人合作……

总之，这本书会让我们学会如何去教育孩子，会让我们学会如何反省自己，还会让我们学会如何纠正性格中的缺陷……此外，本书还有一个好处就是它“好读”。书中没有晦涩的术语，也没有长篇累牍的论述，有的只是通俗易懂的案例和深入浅出的分析，所以，即便是非专业人士，您也能够在阅读的过程中有所收获。

**汪洪澜**

# 目录 CONTENTS

# 第一课　生命的意义

人类的世界是一个充满“意义”的世界。在人类思想和话语体系的影响下，我们每个人所经历的、所感受到的一切事物都已经失去了它们的本来面目，变成了我们心目中的那个样子。即便是人类最早接触到的东西，也无一例外地带上了人的思想印记，具有了某种“意义”。比如，“木材”指的是“与人类有关联的木头”，而“石头”则指的是“作为人类生活要素之一的石头”。倘若有人想要挣脱这种“意义”，想要过一种纯粹客观的原生态生活，那么他的人生状况肯定会变得非常糟糕——他会疏远周围的人，而且，他的所作所为不会给任何人（包括他本人）带来好处，甚至可以说，他的存在将毫无价值可言。因此，没有人能够脱离意义而活着，只有给现实世界赋予了特定的意义之后，我们才能够在其中展开自己的人生画卷。换句话说就是，我们身处的世界并非客观世界本身，而是我们所理解的某种东西。既然如此，我们便可以得出这样一个结论：意义是一个主观性的东西，因此它多多少少都带有片面性，它不是无懈可击的，甚至可以说它从来都不可能是百分之百正确的。一言以蔽之，意义的世界就是一个充满错误的世界。

假如我们问一个人：“生命的意义是什么？”他很可能不知道怎样来回答这个问题。通常情况下，大多数人都不愿费心去探寻这个问题的答案，认为这样做是自寻烦恼。然而事实是，自从有了人类以来，这个问题就一直存在着，一直如影随形地纠缠着我们人类。甚至到了今天，人们有时也会发出这样的疑问："我活着是为了什么？生命的意义究竟是什么？"不过，可以肯定的一点是，通常只有在遭遇挫折的时候，人们才会生出这样的疑问来；而只要一切事情都顺顺当当，前进的道路上没有什么艰难险阻，那么，对于这样的问题，人们绝对是抛之脑后，只字不提。当然，即便如此，这些问题及其答案依然不可避免地存在着，存在于我们每一个人的举手投足之间。不管一个人说的是什么，我们只要观察他的行为举止便会发现，任何一个人对"生命的意义"都有自己独特的理解，而这种独特的理解隐含在他的一举一动中，会从他的观念、姿态、举动、表情、嗜好、志向、习惯以及人格特征中流露出来。因此，从一个人的处世风格中，我们可以看出他是如何理解生命的；从一个人的行为举止中，我们可以看出他是如何看待这个世界，如何看待自身的。他的一举一动仿佛都在说："我就是这样，而世界就是那样。"这便是他给自己和生命所赋予的意义。

每个人对生命都有自己独特的看法，因此，生命的意义可谓是形形色色、数不胜数。而正如我们前面所讲过的那样，没有哪一种意义是十全十美的，所有的意义多多少少都会带有瑕疵。没有绝对正确的生命意义，这句话反过来也可以理解为：任何一种生命的意义，只要是人所拥有的，都不可能是绝对错误的。也就是说，任何一种生命的意义都处于正确与错误之间，既含有对的成分，也含有错的成分。当然，即便分不出绝对的错与对，我们仍然能够在众多的意义中分辨出它们的高下优劣来——有的美好，有的糟糕；有的错得少，有的错得多；我们还能够看出，比较好的意义都含有哪些共同特征，而比较差的又缺少哪些东西。这样的话，我们便可以总结出一个公共标准，即一种适用于所有人的、具有普遍性的意义，一种能够让我们正确看待现实世界的意义。在这里，需要重申的一点是，大家必须牢牢记住，这个“现实”指的是与人类社会相关的“现实”，是与人的意志和目标密不可分的“现实”。除此之外，再无其他“现实”可言。即便有，也与我们此处所讲的话题无关，对我们来说没有任何意义，所以我们没必要去了解它。

## 一、人生的三项任务

我们每一个人的人生都会受到三个因素的制约。对于这三个制约因素，我们必须严肃而认真地对待它们，因为我们全部的现实人生都是由它们构筑而成的，我们所遇到的一切问题也都是由它们引起的。我们的一生中会不断涌现出各式各样的问题，而我们必然要想方设法地去解决这些问题。在解决问题的过程中，我们对生命的独特看法就会自然而然地流露出来。

第一个制约因素就是，地球这个小小的星球是唯一一个有人类居住的星球，它既为人类提供了种种生活资源，同时也给人类设置了种种障碍和限制。于是，人类要想活下去，要想继续繁衍下去，就需要修炼自己的身体和心灵。这个任务摆在了我们每一个人面前，没有人能够回避它。因此可以说，人的一切行为都是对其生存环境所做出的回应，而这些回应恰恰会揭示出，在一个人的心目中，哪些东西是必需的，哪些东西是合适的，哪些东西又是可能的或者有利的。

我们在采取任何一个行动的时候，都应该考虑到这样一个要素：我们是人类，人类的肉体是脆弱的；我们居住在地球上，我们的居住环境中潜藏着形形色色的危险。倘若能认识到这一点，我们就知道凡事要三思而后行。一言以蔽之，为了我们自己的人生，也为了全人类的利益，我们有必要让自己的行为既合乎常理又深谋远虑。这就好比是在做一道数学题，我们不能靠碰运气或胡乱猜想来求得答案，而是必须要想尽一切办法认真求解，必须要坚持不懈地苦苦思索。虽然这个世界并不存在绝对完美、绝对永恒的答案，但我们必须竭尽全力去追求完美答案。不求最好，但求更好——这才是我们应该努力奋斗的方向。

总而言之，在我们采取任何一项行动之前，首先要考虑到的是，我们扎根于地球，因此我们既享受着地球所给予的众多好处，也担负着地球所带来的各种弊端。

现在来讨论第二个制约因素，即没有哪个人能够脱离人类而独自存在，任何一个人身边都有许许多多其他人，任何一个人的生活都会和他人产生各种各样的联系。

个体是脆弱的，一个人的力量终究有限，因此，要想实现自己的目标，单靠孤军奋战是做不到的。假如某个人只想凭一己之力，单枪匹马地去应对自己的所有问题，那他肯定是在自取灭亡。这样做既不能保障他自己的生命，也无益于整个人类的繁衍。既然个体的脆弱性、缺点和局限性是不可避免的，那么一个人必须要与他人相依相靠，必须要与他人紧密地联系在一起。为了自己的幸福，也为了整个人类的幸福，每个人最应该做的一件事就是与他人建立良好的合作伙伴关系。

每个人的人生都与他人息息相关，谁若想独自存在，那他注定无法生存下去——这是我们在处理人生问题的时候必须要考虑到的一个制约因素。那么，我们如果想生存下去，就必须认识到这样一个事实：在我们居住的地球上，只有与我们的同类密切合作，才能确保生命的延续。这一点应该是我们人生的首要目标。

第三个制约我们的因素是，人类分为男女两种性别。不论是我们的个人生活还是公共生活，都无法回避这一制约因素。这一因素的制约作用在爱情和婚姻问题上体现得十分显著——的确，任何一个人，不论男女，都跳不出爱情和婚姻的圈子。

在爱情和婚姻问题上，人们通常会采取各种各样的对策，而这种种对策恰恰体现出了每个人对爱情和婚姻的看法。这也就是我们前面所讲的，一个人的行为举止往往会暴露出他的思想观念。

以上所讲的三个制约因素必定会引出这样三个问题：第一，既然地球家园给我们设置了种种障碍，那么，我们如何才能找到一个可以在这个环境中安身立命的职业呢？第二，我们如何才能在人际交往中找到恰当的位置，从而能够与他人和谐共处、相互合作并分享合作所带来的好处？第三，我们如何才能正确对待这样一个无可辩驳的事实：人类分为两种性别，而两性之间的关系对人类的繁衍起着决定性作用？

个体心理学的研究发现，人所面临的一切问题都可以归纳为三种类型：工作类、社会类和性别类。面对这三类问题，个人所采取的种种对策都不可避免地会暴露出他对生命的看法。举个例子来说，假设有这样一个人，他的爱情生活不大如意，或者说根本就没有，工作也不怎么努力，又没几个朋友，而且他还觉得与别人接触是件愁人的事。从他的这些不如意来看，我们可以得出以下结论：他认为"活着"是一件艰难而危险的事，生活中的机会太少，而挫折又太多。此外，这个人的生活圈子非常狭窄，这种生活状态所传达出的人生观就是，"生命的意义在于保护自己，远离危险，把自己封闭起来，不与他人接触，以免受到来自外界的伤害。"

再举一个相反的例子。假设有一个人，他的爱情生活甜蜜而和谐，他的工作成绩斐然，他交游广泛，有许多朋友，大家也都非常喜欢他。根据这种种情况，我们完全可以断定，在这个人的心目中，人生是一项富有开拓性的伟大事业。他认为人生充满机遇，而且世上没有克服不了的困难，因此，他会勇气十足、信心百倍地迎接生活中的各种挑战。这种积极的生活态度所传达出的人生观是，“生命的意义在于关心他人，在于成为社会的一分子，在于为全人类的幸福贡献自己的力量。”

## 二、社会感

错误的生命意义是什么样的？正确的生命意义又是什么样的？讲到这里，一切答案就都清清楚楚地摆在了我们眼前。所有的失败者，包括神经症患者、精神病患者、罪犯、酒鬼、问题儿童、自杀者、堕落者以及娼妓，之所以失败，就是因为他们缺乏群属感，因为他们对社会和集体不感兴趣。他们在处理工作、友谊和两性问题的时候，并不相信这些问题是可以用合作的方式来解决的。在他们看来，生命只属于个人，生命的意义只在于满足个人的需求，与其他人无关。

这样的人想要的成功实际上只能算是一种虚幻的个人优越感，也就是说，只有他们自己觉得他们取得了成功，而别人并不是这样看的。比如，有些谋杀犯承认，当手中握着武器的时候，他们的内心会产生一种权力感，他们会觉得自己掌握着生杀予夺的大权。可是很显然，也只有谋杀犯本人才相信自己是如此了不起，如此强有力，而在别人眼里，武器并没有抬高谋杀犯的身价。事实上，生命倘若只局限在个人的狭小圈子里，那么这样的生命就会变得毫无价值；只有在和他人交流合作的过程中，我们的生命才会变得有价值。换句话说就是，我们在采取任何一项行动的时候，在制定任何一个目标的时候，都应该考虑到他人的感受和利益，只有这样做，我们的行为和目标才会有价值。

我们每一个人都想让自己变得更重要。然而，一个人是否重要，就要看这个人是不是对他人的生活作出了一定的贡献。倘若认识不到这一点，我们肯定会误入歧途。

有这样一件事，是关于一个小宗教团体领袖的。一天，她把教友们召集在一起，向他们宣布了一个消息：世界末日将在下周三来临。教友们大为震惊，马上回去变卖了自己的财产，抛开了所有的俗世牵绊，然后紧张地等待着她所预言的灾难的到来。可是，星期三过去了，却什么事都没发生。第二天教友们就去质问她："瞧瞧，你把我们搞得多么狼狈啊！我们放弃了所有的财产，并且逢人就说周三是世界末日。别人听到后都嘲笑我们，而我们还信誓旦旦地打保票，说这个消息绝对权威、绝对可靠。可是你看，星期三都已经过去了，怎么一点动静也没有呢？"这位女先知的回答却是："我的星期三和你们的星期三是不一样的呀。"瞧，她就是这样用只有她自己一个人才听得懂的那套话语和意义来回答别人的。从这个故事中我们可以看出，假如某种"生命的意义"只适用于一个人，和其他人没有任何关系，那么这种"生命的意义"就是错误的，是经不起考验的。

凡是真实而正确的生命意义都会具备这样一个共同特征：具有一定的公共性，是一种公共意义，是一种能够被他人认同、能够与他人分享的意义。打个比方来说，当你有了一个解决某问题的好方法时，其他人肯定会纷纷来向你学习，然后再用这个方法来处理他们自己所遇到的相同问题。这样一来我们就可以说，你的这个方法具有"公共性"，是一种"公共意义"。

即便是天才，我们也必须用有价值与否这个标准来对他进行评判。换句话说就是，只有当某个人被大家公认为成就非凡、无比重要时，这个人才有可能被称为天才。这样的人通常会将生命的意义理解为"人活着就意味着要为集体作贡献"。当然，他们绝不会整天把"生命的意义"挂在嘴边高谈阔论，而是通过实际的行动和成就来证明自身的价值。在那些能够成功解决种种人生问题的人身上，我们会发现这样一个特点：他们可能很早就已经认识到了生命的真谛，那就是，对他人感兴趣，并与他人合作。于是，他们在做每一件事情的时候都会考虑到这件事是否对他人有益，而当他们身处困境时，也绝不会采取损人利己的卑劣手段。

对于很多人来说，我们上面所讲的这些东西可能是一个他们闻所未闻的全新观点。他们或许会怀疑，生命的意义果真是奉献吗？果真是对他人感兴趣并与他人相互合作吗？甚至还会质问："那么个体呢？假如一个人老是想着别人，老是为了别人的利益而奉献自己，那他的个性岂不是要受到很大的压抑？至少对某些人来说，为了得到良好的发展，他们难道就不应该先为自己考虑考虑吗？难道个体就不应该首先学会如何保护自己的利益、如何健全自己的人格吗？"我认为这种想法是极端错误的，因为它极有可能会将人引入歧途。

假如一个人认为生命的意义在于奉献，假如这个人愿意身体力行去实现自己的生命观，并且全心全意地将奉献作为自己的人生目标，那么他自然会朝着如何才能做出更多奉献这个方向来修炼自己的身心，他会以这个目标为准绳来不断调整自己，他会坚持不懈地培养并锻炼自己的社会感。为了实现这个目标，他会不断地进行一系列的学习和训练。他会努力充实自己、拓展自身能力，从而使自己能够游刃有余地应付各种人生问题。就以爱情和婚姻为例来说吧。假如一个人深爱自己的伴侣，假如这个人真心实意地想使伴侣过得既舒适又充实，那么他自然会想尽一切办法做到最好；而假如这个人不具有为他人奉献的精神，成天想的只是如何发展自我人格，那么他肯定会变得独断专行、令人讨厌。

关于奉献与合作乃是生命之真谛这一观点，下面我们再举一个例子来加以阐明。环顾一下我们的周围，看看身边那些前人所遗留下来的东西，我们会有什么样的发现呢——一切留传下来的东西，比如被开垦的土地、公路、建筑物等，都代表着先辈们对人类所作出的贡献。在传统文化领域、在哲学领域、在科学和艺术领域，甚至是在处理人生问题方面，先辈们的经验和成果俯拾即是，随处可见。可以说，我们今天所看到的一切事物都是那些曾经为人类幸福作出贡献的先辈们留传给我们的。

那么，另外一种人又会怎样呢？那种不与他人合作的人，那种不愿意奉献的人，那种只会追问“生活能给我什么”的人，他又会有什么样的结局呢？他的一生碌碌无为，他的人生轻如鸿毛，当他逝去以后，不会在这个世界上留下任何痕迹，就好像世界在对他说：“我不需要你。你根本不配活着。你的目标，你的奋斗，你的价值观，还有你的心灵和灵魂，通通都没有前途。赶紧滚吧！你是不受欢迎的人。去死吧！消失吧！”如果给这种人的人生做个总结，最恰当的一句话就是“走吧！你一点用处都没有，这里没人需要你。”

当然，也有许多人是赞同奉献与合作乃是生命之真谛这一观点的。他们不但懂得生命的意义就在于将自己与整个人类的命运联系在一起，而且也在身体力行地努力培养着自己的社会兴趣和爱心。在这方面，人类所有的社会运动以及各种宗教表现得尤其突出。正如大家所看到的那样，任何一个社会运动的目的都是为了对社会进行某种改造，它的背后凝聚着人们浓厚的社会兴趣。而至于宗教，由于它抱有强烈的普世关怀，因此算得上是最具奉献精神的力量之一。不过，从整个宗教史来看，我们发现宗教很容易被歪曲、被利用。倘若如此，宗教就会失去它的原本意义，很难发扬光大。所以，宗教绝对不能背离自己的唯一使命——普世关怀。

作为一门科学学科，个体心理学的研究结果也证实了奉献与合作乃是生命之真谛；除此之外，个体心理学在这方面还进一步研究出了具体的解决办法。我认为这是人类社会的一大进步，因为在如何提升人们对他人和社会的兴趣这个问题上，比起政治或宗教手段，运用科学的方法来解决问题或许是更为有效的一条途径。当然，政治也好，宗教也好，科学也好，都不过是探讨问题的不同角度罢了，最终总是会殊途同归的，因为大家始终都有一个共同的目标，那就是，提升个体对人类社会的兴趣。

每个人对生命的意义都有自己的看法，有的看法会成为照亮人生道路的一盏明灯，而有的看法则有可能是横亘在人生道路上的绊脚石。因此，为了使每个人都能走在美好的人生道路上，我们首先必须要搞清楚一些问题，比如，人们对生命的看法是怎样形成的？这些看法之间有什么不同？怎样纠正这些看法中存在的错误？等等。这些问题都属于心理学的研究范畴。概括来讲，与生理学和生物学不同，心理学的研究方向就是要了解人们对生命的"看法"，并且搞清楚这种"看法"是怎样影响人的行为和命运的。

## 三、幼年时期的经历

一个人从呱呱坠地那天起，就已经开始对生命的意义进行探索了。即便还是个婴儿，他也会设法弄清楚自己究竟有多大力量以及自己的生命究竟有多重要。不到六岁，他就会形成一套完整而固定的行为模式，就会在处理各种问题的时候表现出自己独特的风格来，这种风格我们称之为"生活方式"。除此之外，在这一阶段，就如何看待世界、如何看待自身这一问题，他也已经形成了一系列根深蒂固的观念。从此以后，他将依据这个已经定了型的认知体系来展开自己的人生——任何一件事情，只有经过这套认知体系的阐释和过滤，才能被他接受，才能成为他自己的人生经历。

可见，一个人的人生通常与他在幼年时期就形成了的那套观念和模式有着莫大的关系。

人在幼年时期所形成的各种观念和生活方式很难改变。即便这些观念和生活方式非常糟糕，即便它们会不断地给人带来痛苦和不幸，一般人也很难轻易放弃它们。要想改变错误的观念和生活方式，唯一的办法就是追溯错误最初形成时的情形，挖掘错误形成的根源，然后再对已经定了型的认知体系进行修正。有时候，错误的生活方式所造成的恶果或许会迫使一个人下定决心去修正自己的认知体系，接下来，他或许还会靠自己的力量成功地改变这个错误的生活方式。不过，这种事情非常罕见。一般情况下，假如没有来自社会的压力，假如没有意识到再依着老法子做下去必然会走入死胡同，一个人是根本迈不出这一步的。因此，对于一般人来讲，要想修正既有的"生活方式"，最好是求助于受过心理学专业训练的人。受过专业训练的人会看清你是如何理解生命的，他可以帮你找到错误形成的根源，并且能够给你提出适当的建议。

然而，即便幼年时期的经历相同，由于每个人对这种经历的看法不同，往往也会发展出各不相同的人生来。尤其是对于幼年时期的不愉快经历，人们的看法很可能会是截然相反的。关于这一点，我们可以举一个简单的例子来加以说明。比如，倘若知道了幼年时期的不愉快经历会对未来人生产生很大影响，曾经有过这种经历的某些人便会这样想："我一定要改变这种状况，不能让历史重演，我要让我的孩子有一个更好的成长环境。"而另一些有相同经历的人却认为："生活是不公平的，别人总是占尽便宜。既然世界这样对我，那我为什么要善待这个世界呢？"这足以解释为什么有些父母谈起孩子时总会说："我小时候受的苦那个多哟，我都熬过来了，为什么这些孩子就不能吃点苦呢?”还有第三种人，这种人大概会说：“我的童年那么不幸，因此我所做的一切都是情有可原的。”从以上这三种情况来看，我们可以得出这样一个结论：你对人生有什么样的看法，你就会有什么样的行为；除非你能调整自己的看法，否则你的行为绝对不会有任何改变。

讲到这里我们应该可以看出，个体心理学和决定论的本质区别在于，个体心理学相信经历并非成功或失败的决定性因素。人是不会被苦难的命运打败的，打败他的，只能是他对命运的悲苦看法。也就是说，一个人的人生并不是由他的经历所决定的，而是取决于他是如何看待自身经历的。因此，倘若有人认为，由于某些特殊经历，他的人生早已注定了，那他很可能会因此而踏上错误的人生道路。

总而言之，一个人的生活环境并不能决定他对人生的看法，但他对人生的看法却能决定他的人生。

### 1. 身体缺陷

幼年时期的某些经历很容易促使一个人产生极端错误的想法，而大多数失败者恰恰都有过这样的经历，其中最为典型的就是那些从小身体有缺陷或有先天性疾病的孩子。这类孩子备受病痛的折磨，他们自顾不暇，所以很难体会到生命的真谛就在于奉献。倘若身边没有值得信赖的人将他们的注意力和兴趣引到他人身上，他们完全有可能只关注自身而不理会其他的人或事。在现实生活中，他们常常会受到同龄人的怜悯、嘲笑或排斥，因此，他们很容易产生自卑感，而且这种自卑感很有可能会越来越强烈。在这样的处境下，这类孩子会变得内向、封闭，他们不再愿意融入社会，甚至还会觉得全世界都在蔑视他们、羞辱他们。

有身体缺陷或先天性疾病的孩子将会遇到什么样的人生困

境？我想我大概是最早开始这方面研究的人。这方面的研究目前已经取得了很大的突破，不过在许多问题上仍然有待于进一步的探讨。从一开始，我的研究目标就是如何帮助这类孩子克服身体缺陷给他们造成的困扰。我并不认为糟糕的身体状况或遗传因子必然会导致一个人的失败，因为我知道，身体上的缺陷并不足以迫使一个人采取扭曲的生活方式，而且，同样的身体状况对每一个人所造成的影响是不一样的。正如我们所看到的那样，在现实生活中，能够克服身体缺陷、健康成长的儿童大有人在；不仅如此，他们甚至还会发展出某种不同凡响的才能，会成为对社会非常有用的人。

因此，个体心理学绝不赞同优生论。许多杰出人物的身体状况并不理想，他们有的天生有身体缺陷，有的深受病痛折磨，有的则英年早逝，可是，尽管如此，他们还是为人类文明作出了巨大的贡献。他们一直在顽强地同自己的身体缺陷进行着斗争，在斗争的过程中，他们变得越来越坚强，他们的斗志也越来越高昂。可以说，他们正是在这种斗争精神的激励下，为人类创造了无数财富。由此可见，我们绝不能单凭一个人的身体状况来判定他的人格发展，这样做过于武断、有失偏颇。不过，迄今为止，大多数身体有缺陷的孩子确实都未曾得到过正确的引导，他们所面临的种种困扰也没有人帮助解答，结果，这些孩子大都变成了以自我为中心的人。这或许就是为什么在天生有身体缺陷的孩子当中会有那么多失败者的原因。

### 2. 娇生惯养

从小娇生惯养的孩子也很容易养成错误的观念。小孩一旦被惯坏了，往往就会认为别人都得听他的，会认为自己是天之骄子，其他人理所当然应该众星捧月般地围着他转。结果，一旦他觉得别人不再关注他、不再迁就他的感受，他就会非常失落，认为这个世界抛弃了他。就这样，他被惯得只知索取、不懂付出；只关心自己的事，不理会他人的感受，更不懂得与他人合作。除此之外，由于别人一向都顺着他，他逐渐就会失去自己的独立性。他不懂得如何处理各种人生问题，即便是他做得到的事情，他也不会去做。每当遇到困难的时候，他首先想到的就是向他人求助。他始终相信，要想得到一切想要的东西，要想改善自己的处境，就必须让别人全都围着他转，让别人觉得他是一个非同凡响的特殊人物。

长大以后，被惯坏了的孩子很有可能会变成社会上的危险分子。为了让别人都顺着他、听他的，他有时候会向别人示弱，会迁就别人。比如，他会信誓旦旦地标榜自己的善意，甚至还会装出一副“可爱”的样子来博取大家的怜爱。不过，大多数情况下，谁要是想让他主动地和大家平等相待、和平共处，他就不干了，有时候甚至还会公然与人作对。倘若发现别人对他不再像以前那样热情、不再凡事都顺着他，他便会觉得自己被出卖了，觉得整个社会都对他充满了敌意，于是他便会想尽办法去报复。而倘若人们再对他的反抗行为明显地表示不满，他便会将这种不满视为自己被亏待了的新证据，从而更坚定了自己的想法，认为“所有的人都在跟我作对”。这一点足以说明，为什么有时候惩罚手段不能起到预期的作用。不论被惯坏了的孩子采取什么样的行为方式——是消极地不合作呢，还是公然与人作对；是通过示弱将他人玩弄于股掌之间呢，还是以暴力手段进行反抗，他的目标始终如一，那就是，吸引大家的眼球，成为大家心目中最重要的人物，让大家都围着他转、满足他的一切要求。他就是这样看待生命、看待世界的，他的一切行为都是由这种错误的观念造成的。因此，要想纠正他的行为方式，首先必须要把他的错误观念纠正过来，否则他还是会依然故我，一错再错下去。

### 3. 被忽视

还有一种情形也容易使孩子产生错误的观念，那就是被忽视。被忽视的孩子从来都不懂得什么是爱、什么是合作，他的人生观里没有这些积极因素。他曾经领略过冷漠和不友好的滋味，从此以后他就以为生活永远都是冷漠的、不友好的。于是，在生活中遇到各种问题的时候，尽管觉得困难重重，他也不相信有谁会好心地帮助他。当然，他也不会热心地对待别人，因为他从来不懂得一个人可以通过做有益于社会的事来赢得他人的好感和尊重。

在儿童教育问题上，没有什么东西能够比公正无私的爱更重要了，因此，对于一个母亲来说，她最重要的职责就是爱孩子并且教孩子去爱。母亲首先要关心孩子，要让孩子觉得她是一个值得信赖的人。然后，她应该逐步将孩子对她的信赖和好感引导到其他人身上，让孩子对自己的整个成长环境充满信赖和好感。假如母亲在第一步——即赢得孩子的好感、信赖以及合作——就失败了，那么孩子接下来就很难发展出对社会的好感，也很难与他人建立友好的合作关系。我们相信，人性本善，关注他人是我们每一个人与生俱来的能力，但这种能力需要后天的培养和引导，否则它就有可能被扭曲、被埋没或被扼杀。

假设某个孩子从来都没有得到过爱，从来都是被忽视、被憎恨或被抛弃的，那么我们完全有理由相信，这个孩子肯定会自我封闭、不与人交流，他会无视合作的存在，对任何与合作有关的事情理都不理。正如我们前面所讲过的那样，这种极端封闭、极端冷漠的人，其人生是毫无价值可言的。当然，任何一个人，只要他安然度过了婴儿期，那就足以证明他已经受到了一定程度的关怀和照顾。因此，从来都没有得到过关怀的人几乎可以说是不存在的，这种情况也不在我们的研究之列。我们的研究对象主要是那些受到的关怀比一般人要少的孩子，或者是只在某些方面被忽视了的孩子。此外，非常不幸的是，我们的社会中有许多孤儿和私生子，他们也是被忽视了的孩子，也很容易沦为失败者，因此，我们的研究对象也包括这类孩子。

总之，我们认为，被忽视的孩子之所以失败，肯定是因为他没有遇到真正值得他信赖的人。

综上所述，身体缺陷、娇生惯养和被忽视，这三种情形最容易使人形成错误的人生观，因此，凡是有过这些经历的孩子，他们的行为方式以及他们对生命的看法几乎都需要纠正。假如我们真正关心这类孩子，假如我们有志于帮助他们改变，而且在这方面也有一定的经验，那么我们一定能够从他们的所作所为中找出他们对生命的理解。

## 四、早期记忆与梦

研究研究梦境确实大有用处。虽然不管是在做梦，还是醒着的时候，一个人的人格始终都不变，但是，在梦里社会压力相对来说要小很多，所以人比较容易放松警惕，容易流露出真实的人格来。不过话又说回来，要想破解一个人对自己、对社会的真实看法，最有用的莫过于他的记忆了。所有的记忆都很重要，即便是零星片段也不例外，因为对一个人来说，只要是他记住的，那就是“值得记忆”的事情，而“值得记忆”的事情一般都和这个人的人生理想息息相关，它仿佛是在一直提醒着这个人：“这就是你想要的”，或者“这是你应该避开的”，又或者“这就是生活”。因此我们坚持认为，一个人的实际经历并不重要，重要的是那些保留在他记忆中的经历，因为那些记忆代表了他对生命的理解。

要想弄清楚一个人特有的生活方式是在什么时候形成的，还有，要想弄清楚这个人的人生观最早是在什么样的环境中形成的，最有效的办法就是考察他记忆中的童年往事。人的早期记忆之所以重要，有这样两个原因：第一，早期记忆中蕴涵了一个人对自己以及自身处境的最早认识——这是他第一次对自己的外表做出的总结，是他第一次较为完整的自我印象，也是他对自己的最初要求；第二，早期记忆是一个人作为主体而存在的起点，是他书写自我人生的开端。在研究早期记忆的过程中我们发现，记忆中多多少少都含有一些想象的或理想的成分，它与现实之间往往存在着一定的差距。不过，从心理学角度来讲，一个人的早期记忆是不是他所能够记起的第一件事情，是不是真实而确切的记忆，这些都无关紧要；重要的是，这个记忆代表了什么，它表达了什么样的人生观，以及它与现在和未来有什么关联。

我们来举几个早期记忆的例子，看看它们表达的都是什么样的人生观。“一个咖啡壶从桌子上掉了下来，把我烫伤了。”这个记忆其实就代表了一种生活方式。假如这是一个女孩子的最早记忆，那么我们不难想象，这个女孩子的人生中肯定充满了无助感，而且她习惯于夸大生活中的危险和困难；除此之外，她心里还总怨别人不好好照顾她。当然，这也难怪，有些人确实比较粗心大意，对幼儿照顾得不怎么周到。

这里还有一个类似的例子：“记得三岁的时候，我从婴儿车上摔下来过。”这是一个男生的最早记忆。除此之外，这个男生还经常做这样一个梦：“好像世界末日快到了。我半夜醒来的时候，发现天空在火光的照映下一片通红，星星纷纷坠落，我们的地球眼看就要撞上另一个星球了。可是在爆炸前的那一刻，我醒了。”当我们问这个男生他是不是在害怕什么的时候，他回答说：“我怕我的人生会失败。”很显然，他的最早记忆和那个经常做的梦都表达了一种令人灰心丧气的挫折感，而且，记忆和梦境还在不断地强化着他对失败和灾难的恐惧。

有个十二岁的男孩被带到了我的诊所，他有尿床的毛病，并且还总和母亲闹别扭。他的最早记忆是：“妈妈以为我丢了，她害怕极了，跑到街上大声呼唤我。其实我一直都藏在家中的壁橱里。”从这个记忆中我们可以清晰地看出这个男孩的人生观，那就是，“想要得到别人的关注，就要不断地惹麻烦；想要得到安全感，就该多骗骗人。虽然我被忽视了，但好在我也戏弄了别人。”于是，在他看来，尿床是一个不错的办法，可以吸引别人的关注，让别人为他操心。此外，在这个记忆中我们看到母亲表现得十分焦虑和慌乱，而母亲的这种表现恰恰又进一步强化了孩子的人生观，让他以为自己的做法确实不错。

这个男孩之所以如此迫切地寻求别人的关注，是因为同前面所举的那两个例子一样，他从很小的时候起就已经形成了一种深刻的印象——外面的世界充满了危险，于是他认定，只有让别人都围着他转、为他操心，他才会远离危险。结果，他就养成了这些坏毛病，目的无非是想要确定，一旦他需要，是不是总会有人来保护他。

这里还有一位三十五岁的女性，她的最早记忆是：“我站在黑暗的楼梯上。一个堂兄，他比我稍大一点儿，打开门跟着我下来了。我被他吓了一大跳。”从这个记忆来看，她可能不大习惯同其他孩子一起玩，同异性在一起时会特别不自在。我们由此推测出她是家里的独生女，并且至今尚未结婚。这些推测后来都得到了证实。

再举一个例子。“我记得妈妈让我推妹妹坐着的婴儿车。”这个早期记忆传达出了一种浓厚的社会感。不过，换一个角度来看的话，这个记忆或许还传达出了这样一个信息：记忆的主人比较喜欢同弱者相处，而且她可能对母亲比较依赖。由此可见，新生儿降生后，要想让孩子的哥哥姐姐们认同这件事，最好的办法就是让他们帮忙照顾新生儿，允许他们分担保护新生儿的责任，这样他们就会比较容易接受新的家庭成员。假如大孩子愿意合作，这就表示他们并不认为新生儿夺走了父母的爱、削弱了他们在父母心目中的重要性，他们更不会因此而憎恨新生儿。

一个人总想和别人待在一起，这并不表示他真正喜欢别人。我们这里有一个女孩子的最早记忆：“我正在和姐姐还有其他两个女孩一起玩。”很显然，这个记忆表示一个小孩正在学着和别人交往。不过，女孩接下来又提到了自己最恐惧的事，她说：“我害怕一个人孤零零地待着。”在此我们又有了一个新发现——这个女孩缺乏独立性。

总之，只要弄清楚一个人对生命的看法，就相当于握住了打开这个人人格大门的钥匙。也许有人会说，江山易改，禀性难移。但是，他们之所以会这样说，只不过是因为还没有找到解开人格问题的钥匙罢了。我们的研究结果证明，如果找不出人格中的错误根源，那么在这方面进行任何讨论或治疗都是枉然；还有，改进人格的唯一途径就是形成一种更富于合作精神、更有勇气的生活方式。

## 五、学习合作的重要性

合作是唯一可以防止精神出问题的有效办法，因此，我们应该培养孩子的合作精神，鼓励他们和同龄人一起玩耍、一起做事，让他们学会用合作的方式来解决问题。如果不好好培养孩子的合作精神，后果会很严重。比如，孩子要是被惯坏了，他就只懂得关心自己而不考虑其他人。上了学以后，他会将这种不合作精神带到学校里——即便他愿意听讲，那也只是因为他觉得所听到的内容对他有用；即便他喜欢学习，也只是因为他觉得这样做能获得老师的青睐。长大以后，缺乏合作精神对他造成的影响会越来越严重，他会越来越没有能力去应付人生的种种考验和困难。而造成这一切不良后果的原因在于，他从小就曲解了生命的意义，没有发展出良好的责任感和社会感。

成年人的不当行为通常是由他儿时的错误引起的。假如一个孩子从来没有学过如何与人合作，那我们就不能指望他长大后可以轻松自如地处理合作问题。这就好比，假如一个人从来没有学过地理，那他就不可能在地理考试中得高分。因此，我们不应该紧紧抓住一个人现在的错误不放，而是要追本溯源地帮他纠正那些儿时的错误。

事实上，解决任何人生问题都需要具有一定的合作能力。我们生活在人类社会中，我们的任何一项行动都必须按照人类社会的规则来进行，而且必须要对人类社会有益，否则毫无价值可言。因此，只有懂得合作与奉献的人，才有足够的勇气和能力去面对困难，才更有可能获得成功。

如果教师、父母以及心理学家能够看清哪些是错误的人生观、哪些是正确的人生观，如果他们自己不犯这方面的错误，那么我相信，在他们的帮助下，缺乏社会感的孩子最终还是会正确地认识自己、正确地看待人生的。倘若如此，那么在遇到各种问题的时候，这些孩子就不会轻言放弃，不会投机取巧，不会逃避或推卸责任，不会四处寻求特殊照顾或同情；他们也不会觉得丢面子，不会想着要伺机报复；他们更不会问："活着有什么用？生活给了我什么？"而是会说："我的人生我做主，我的行为我负责。这是我的责任，应该由我来解决，我有能力、有信心解决它。”假如每一个人都能如此独立，如此合作，那么人类的文明必将欣欣向荣，前景无限。

# 第二课　心灵与肉体

## 一、心灵与肉体的相互作用

究竟是心灵在支配肉体，还是肉体在支配心灵？这个问题人们历来都争论不休，众说纷纭。哲学家们也加入了这场论战，他们要么持唯心论，要么持唯物论，均各执一词，莫衷一是。尽管他们提出了上千种观点，但问题仍旧没有解决。我想，在这个问题上，个体心理学或许能够给出一个合理的答案，因为我们所研究的主要内容就是身与心的日常互动。对于来就诊的病人，倘若治疗方法有误，那我们心理医生便无法帮助病人解决他精神上的疑惑。因此，个体心理学的理论必须源自于实践，并且要经得起实践的考验。也就是说，我们首先必须要研究身与心相互作用的具体过程，然后才能从这些研究结果中总结出正确的观点。

个体心理学的研究证明：心灵和肉体究竟是谁在支配谁，这不是一个简单的“非此即彼”的问题。我们认为，心灵和肉体都代表了生命，都是生命中不可或缺的一部分，因而必须要全面地、辩证地来看待二者之间的关系。大家都说“生命在于运动”，这句话绝对没错，然而，一个人只发展他的肉体是远远不够的，因为身体的运动是受头脑支配的。举个例子来说，植物一旦扎下了根，就固定在一个地方动不了，这是因为它没有心灵，退一步说，即便它拥有“心灵”，那也不是我们人类所能理解的心灵。更何况，纵使某种植物能够预见未来，这一能力对它也没什么用处。比如，它或许能意识到：“有人来了，他马上就要踩到我，我快要被他踩死了。”可是，预见这些又有什么用呢？它又动不了，还不是在劫难逃。

与无法移动的植物不一样，一切能动的生物都具备预见并选择自己行动方向的能力。这意味着能动的生物都拥有心灵或灵魂，就像莎士比亚所说的那样：

当然你有思索，
否则不会有行动。

**——《哈姆雷特》第三幕，第四场**

预见并决定行动方向的能力是心灵的首要功用。换句话说，心灵对肉体的支配主要表现为给行动设置目标。如果没有心灵，一切行动就都失去了目标，而没有目标的行为是没意义的。这样看来，似乎是心灵主宰了肉体。可是，反过来看，肉体对心灵也具有同样重要的影响力，因为负责运动的是肉体。心灵能不能令肉体行动起来，这要看肉体的生理机能是否允许。比如，假设心灵想让肉体奔向月球，那么除非发明一项可以克服人类身体局限的技术，否则这个想法绝对实现不了。

从人那灵活的双手就可以看出，人的行动能力比其他任何生物都强，行动范围比其他任何生物都广，而且，人的行动对环境所造成的影响也比其他任何生物都大。因此可以想见，如此灵活的肉体必定会为人的心灵提供广阔的发挥空间，而在心灵和肉体的共同努力下，人类的命运必然能够得到改善。

凡有行动，必有目标，因此每个人都会有无数个行动目标。在所有的目标当中，有一个目标可以说是人类一切行动的最终目标，那就是获得安全感。所谓的“安全感”指的是这样一种感觉：人生中的困难该克服的都已经克服了，我已经摆脱了所有的危险，如愿以偿地抵达了安全地带。这样看来，为了获得安全感，心灵必须要想方设法将所有的行动协调统一起来，推动它们朝着这个最终的理想目标前进。

肉体也一样。在肉体还是一个胚胎的时候，安全感目标就已经摆在了它面前。于是，为了实现这个目标，肉体在成长过程中努力地调整着自身的每一部分乃至每一个细胞，不断地开发自身潜能，尽可能地使自己成为一个协调强健的有机整体。比如，肌肤要是受了伤，身体本能地就开始了自我康复行动，目标是让肌肤最终复原如初。当然，肉体在发展过程中并非孤军奋战，心灵一定会在旁边施以援手的。比如，我们都知道，运动可以锻炼身体，讲究卫生对健康有益，这两样行动足可以证明心灵对肉体的发展起到了不可忽视的协助和促进作用。

在生命自始至终的成长发育过程中，心灵与肉体一直都是结伴而行、不可分割的。心灵就像一台发动机，它牵引着肉体中的所有力量和潜能，将它们带向那个最终的安全感目标。这样，肉体的每一个动作、每一种表情以及每一种症状，都被烙上了心灵的印记。可以说，一个人但凡有什么举动，那动作背后肯定含有某种意义。他动动眼睛，动动舌头，动动面部肌肉，于是脸上就会出现一种表情，而这种表情正是心灵想要表达的一种意义。讲到这里，大家应该明白心理学（或可称作“心灵的科学”）真正要研究的是什么了。总而言之，心理学的研究方向就是，探究一个人各种表情、动作和行动背后所隐含的意义，从中找出这个人的行动目标，并将他的目标与其他人的目标进行比较。

在走向安全感目标的过程中，心灵一定要先将安全感目标具体化，即首先要确定安全感目标具体指的是什么，是某种状况呢，还是某些东西或者某个人；接下来，心灵就要考虑如何才能抵达这个具体目标，同时，为了在前进的过程中不迷失方向，心灵还要时不时地审视一下这个目标，看看安全感所处的位置究竟在哪里，再看看正在走的这条路是否正确。当然，走错路的可能性也有，但是，如果没有一个明确的目标和方向，那就根本没什么行动可言。我动动手，那必然是我的心中已经有了这样做的目标。心灵所选择的方向也许会导向彻底失败，但之所以做这样的选择，是因为心灵误以为它是最有利的。那么我们可以说，一切心理方面的错误其实都错在行动方向的选择上。人人都想获得安全感，但由于对安全感的错误理解，有些人可能会选择错误的方式，会朝着错误的方向前进，从而最终误入歧途。

假如一时看不清楚某种表现背后所隐含的意义，那么最有效的办法就是，先将这种表现简化为一个纯粹的行动来看。拿偷窃来说吧。偷窃就是把别人的财物据为己有，我们来剖析一下这一行动的目标。一个人偷东西的直接目标就是使自己变得富有，再进一步看，他这是意图通过占有财物来获得更多的安全感，因此可以说，偷窃这一行动的出发点来自于一种贫穷感或匮乏感。接下来我们要弄清楚这个人的生活环境，还要弄清楚他会在什么样的情况下产生匮乏感。最后，我们要看他是如何改变生活环境并克服匮乏感的，看看他是使用了正当手段呢，还是为了获取想要的东西而不择手段地采取了错误的方式。总之，在我们看来，偷窃者想要获得安全感这一最终目标倒是无可指摘的，但是，他在实现安全感目标时所采取的方式绝对是错误的。

我们在第一章曾经提到过，一个人在四五岁的时候，就已经具备了定型而完整的心灵，他的心灵和肉体之间也已经形成了稳固的互动关系。在这一阶段，为了获取安全感，他力争上游、努力奋斗，从周围环境中学到了许多品质，获取了种种认识，并且将这些品质和认识整合成了自己独特的人格。总之，六岁之前，这个人的人格就已经彻底定型了——他对生命的理解、他所追求的目标、他的处世风格以及他的情感特征，全部都固定了下来。这些东西日后也有可能发生变化，但前提是他一定要改掉幼年时期所形成的那些观念。一个人有什么样的思想行为完全取决于他对生命有什么样的看法，因此，如果他能纠正自己的错误认识，对生命有全新的理解，那么他的思想行为必定也会随之改变。

人是通过感觉器官来感受并认识周围环境的，因此，从一个人如何运用或培养自己身体的方式上，我们就能够看出他会从周围环境中汲取哪些认识，以及他是怎样运用这些认识的。如果注意一下他的观看和倾听方式，注意一下是什么吸引了他的注意力，我们便能了解到他的许多情况。这一点足以说明一个人的身体姿态是多么重要，多么有意义。身体姿态会告诉我们，这个人是如何培养自己的感觉器官的，他是如何运用感觉器官来认识周围环境的。一言以蔽之，任何一个姿态中都隐含了某种意义。

讲到这里我们就可以给心理学下这样一个定义：心理学是一门研究个体如何运用其感官认知能力的科学。每个人的身体状况千差万别，心灵之间肯定也存在着很大的差异。假如身体难以适应环境，难以完成环境对它提出的要求，那它很容易成为心灵的负担。因此，就身体有先天性缺陷的儿童来说，他的智力发育往往和身体是同步的，他的心灵要想影响、控制并驱使身体，要想让身体实现他所设定的目标，确实要比正常人困难。假如他想实现和正常人一样的目标，那么他的心灵必须要付出更大的努力才行，他的心智必须要比正常人更为专注才行。这样一来，他的心灵就有可能负荷过重，他也就有可能逐渐变成以自我为中心的、自私自利的人。也就是说，假如儿童只关注自己的身体缺陷和行动不便，那他就没有心思去理会周围环境，更不会自觉主动地去接近别人，关心别人；结果，在成长的过程中，他必然会逐渐变成一个既缺乏社会感又不具备基本合作能力的人。

身体缺陷必然会造成许多障碍，但这些障碍绝不是不可逾越的。假如心灵本身很活跃，很进取，愿意勇往直前地去克服障碍，那么有身体缺陷的人也会和健康人一样获得成功。事实上，在现实生活中我们常常会看到这样的现象：和生来就在身体上占尽先机的儿童相比，身体有缺陷的儿童尽管要面对更多的障碍，但他们往往能取得更大的成就。比如，某个孩子视力有问题，为了看清楚一些，他需要比视力正常的同龄人付出更多的专注和努力。于是，他会将更多的注意力投向视觉世界，会对色彩和形状产生更大的兴趣。结果，比起那些从未睁大眼睛仔细看世界的孩子们，他更懂得如何用眼睛来欣赏世界。由此可见，只要心灵想方设法去克服障碍，即便是身体缺陷也能转化为优势。

在画家和诗人当中，很多人都有视力上的缺陷，可是有进取心的人就能克服这类缺陷，他们会善用自己的双眼，从而取得正常人无法企及的成就。这类情况在左撇子儿童中更为常见。假如有个孩子是左撇子，那么无论是在家里，还是在学校，大家都会督促他改掉这个习惯，学着使用那只不怎么灵活的右手，这样一来，他在写字、画画或做手工的时候，就很有可能没那么得心应手。当然，正如我们前面所讲的那样，倘若心灵能够积极克服这类困难，天生不灵活的右手也有可能变得灵巧自如。现实生活中确实有不少这样的左撇子儿童，改用右手后，他们的字写得更好，画画得更漂亮，手工也做得更娴熟。可见，只要方法得当，只要进行足够的培养和练习，再加上一定的动力，不利因素也有可能转变成有利因素。

只有那些想为集体作贡献的儿童，那些注意力不只放在自己身上、胸怀开阔的儿童，他们才能成功地克服身体缺陷所造成的种种障碍。倘若有谁一门心思地只想着如何摆脱自己眼下的困境，那他永远也不可能取得什么进展。因为一个人只有心怀远大目标，并且认为这个目标的实现要比自身困境重要得多，他才能保持昂扬斗志，才能排除万难、勇往直前。这实际上是一个注意力和兴趣导向的问题。假如一个人的努力方向是自身以外的某个目标，那他自然会训练自己去实现这一目标；在他眼里，身体方面的缺陷只不过是成功路上必定会被扫除掉的一些障碍罢了。反过来说，假如一个人的兴趣只局限在自身的不足上，或者说假如他同自身不足进行抗争仅仅是为了要摆脱这些不足，那他的抗争绝对不会有实质性的进展。举个例子来说，假设某人有一只不大灵便的右手，假设他只想着这只右手是多么笨拙，只盼着它能变得灵活一些就好，或者是只想着要尽量避开那些有可能暴露这个缺陷的场合，那么这个人的右手永远也好不了。而如果他不再一心只想着自己的手，如果他想得更多的是不管手怎么样，一定要把事情做好，那么他就有很大的动力去做手部练习，他的手也就有可能变灵活。总而言之，儿童要想成功地克服困难，他必须先要有一个自身以外的行动目标，要有一个关系到现实、他人以及合作问题的目标。

在对有遗传性肾病的家庭进行调研的过程中，我发现了一个遗传性毛病，还发现这个毛病别有用途。这些家庭中的许多孩子都有遗尿的毛病。遗尿确实属于一种生理缺陷，它可能和肾病、膀胱病或脊椎分裂等腰部疾病有关，补充一句，这类腰部疾病往往会引发很多病症，有时候甚至会让腰上长出一颗痣来。不过，身体上的疾病绝对不是遗尿的唯一原因，因为儿童是不会任由身体器官来随便摆布自己的，他通常会以自己的方式来操纵身体器官。

比如，有些孩子只在夜间尿床，白天却不这样；还有一类孩子，当环境发生变化的时候，或者当父母的态度有所改变的时候，他们遗尿的习惯也会随之消失。由此可见，假如儿童不是别有用心地利用生理缺陷来达到什么目的，那么在排除心理障碍的前提下，遗尿这个毛病是可以克服的。

然而，大多数遗尿的孩子通常都对这个毛病听之任之，并不愿意费心劳神地去纠正它，他们这样做肯定是有某种动机的。在这种情况下，母亲若是经验丰富，便会对遗尿的孩子进行适当的训练，可要是碰到没什么经验的母亲，这毛病改起来就没那么容易了。比如，在肾脏或膀胱有遗传性问题的家庭里，有关便溺的事往往会受到更多的关注，母亲们会想尽各种办法不让孩子尿床；而假如孩子意识到这件事如此受人重视，那他很有可能会产生逆反心理。所以说，过度关注容易给孩子提供一个绝佳的逆反机会——父母越关注，孩子就越是要反其道而行之。

德国一位非常有名的社会学家发现，许多罪犯的父母从事的都是与打击犯罪行为有关的职业，比如法官、警察或监狱看守，等等。我自己的经历也证实了这样一个规律：教师的孩子在学习上常常会落后于其他孩子。我还发现，许多神经质孩子都出身于医生家庭，许多少年犯则出身于牧师家庭。同样道理，如果父母过分关注便溺这件事，孩子便会通过遗尿来表达自己的想法——他是独立的，他有自己的意志和思想，别人最好不要过多干涉。

还有一类孩子也会用遗尿这种方式来表达自己的想法。这类孩子大都是一些娇生惯养的孩子，不过，由于某种原因，曾经备受宠爱的他们现在已经不再是众人瞩目的中心了，这给他们增添了莫大的压力。比如，有时候是因为家里又出生了一个孩子，所以他们觉得很难再得到母亲全心全意的照顾了，于是，他们会用遗尿这种方式来吸引母亲的注意，即便这种方式不太令人愉快，他们也在所不惜。换句话说，遗尿有时候所表达的就是儿童想与母亲更加亲近的愿望，它仿佛是在说："我没你想得那么大，你还需要继续照顾我。"

生活环境不同，或者身体状况不同，孩子吸引母亲注意的方式就会不同。比如，有些孩子可能会在夜间不停地哭闹，他们想通过这种举动来引起母亲的注意，达到接近母亲的目的；有些孩子则会梦游，做噩梦，从床上掉下来，或者三番五次地嚷嚷着口渴要喝水，这样做也都是为了要得到母亲的关心。至于选择哪种方式，这不仅要看孩子的身体状况如何，还要看他生活在什么样的环境中。

遗尿充分证实了梦是欲望的满足这一观点。当孩子要尿床的时候，他常常会梦到自己下了床，走进卫生间去撒尿。就这样，他找到了一个很好的理由，可以理直气壮地、心满意足地尿床了。总的来说，遗尿的目的不外乎这么几种：想引起注意，想支配他人，或者想时时刻刻得到关注；此外，它也可以是一种反抗手段，或者说是一道宣战书。不管从哪个角度来看，遗尿显而易见是一种创造性的表达方式，也就是说，尿床的孩子并不是在用嘴讲话，而是在用膀胱讲话，这种生理缺陷只不过是他表达自己意愿的一个途径罢了。

以上所举的例子清晰地表明了心灵是如何对肉体施加影响的。我们认为，心灵不仅会左右人对身体症状的选择，而且极有可能会影响并支配人的体质。当然，这只是一个推测，我们还没有确凿的证据来证实它，而且也不太清楚怎样才能找到这样的证据。不过，能够证实这个推测的证据似乎又是显而易见的。比如，一个孩子如果性格软弱，那么这种软弱便会影响到他的整体发展——他不怎么关心自己的身体是否强健，甚至不相信自己的身体有可能会强健起来，这样一来，他就不会积极地去锻炼身体，对一切与增强体质有关的话题也不会有什么兴趣。而有些孩子则对锻炼身体之类的活动抱有浓厚兴趣，不用说，和软弱而闭塞的孩子相比，这类孩子的身体必定会更健康。

根据生活中这些俯拾即是的例子，我们完全可以断定，肉体的整体构造及发展不仅会受到心灵的影响，同时还能反映出心灵的错误和不足。大家经常会看到，当一个人找不到什么好办法来克服身体方面的困难时，他的心理障碍和情感障碍自然就会对他的身体状况产生决定性影响。比如，在四五岁的时候，孩子的内分泌器官肯定会受到影响，它会不断受到整体环境的影响，受到孩子认知方式的影响，受到孩子思想观念的影响。不过反过来看，内分泌器官方面的不足并不会对孩子的心灵和行为产生决定性影响。

## 二、情感的作用

人类对环境所做的改变，我们称之为文化。文化是人类的心灵激发其肉体进行各项活动的结果，心灵驱使人类去工作，指引并协助人类肉体的发展。一言以蔽之，在人类的所有表现中，处处都有心灵目标的存在。不过，我们绝对不能一味地抬高心灵的地位，因为若想克服困难，健康的身体也是必不可少的。心灵的职责是掌控环境，保护肉体，使肉体远离疾病、死亡、损害、意外以及官能衰退等危险。为了达到这一目标，人类需要发展出感受快乐与痛苦的能力、想象力以及辨别环境优劣的能力。

情感能够协助肉体以特定的方式对待环境。想象力和辨别力不仅能够预见未来，还能够激起适当的情感，而肉体则会对这些情感做出一定的反应。就这样，人对生命的认识和人的奋斗目标共同打造出了人的情感。情感在很大程度上对肉体起着支配作用，它并不依赖于肉体，它所依赖的主要是人的目标以及与目标相符的生活方式。

可见，决定一个人行为的，并不仅仅是他的生活方式。倘若没有其他辅助因素，单靠态度是不足以引发行动的；只有得到情感的支援，态度才能引发行动。个体心理学的新观点是：情感绝对不会与生活方式相抵触，因为目标一旦确定，情感便会为实现这个目标而进行自我调节。至于情感是如何产生的，这个问题化学理论解释不了，化学检验也检测不出来，可以说，我们这里所讨论的情感问题已经超出了生理学和生物学的范畴。在个体心理学的研究过程中，探讨一些生理反应是有必要的，但我们更感兴趣的则是心理目标。比如，关于焦虑，我们所关注的主要是焦虑的意图和结果，而非它对交感神经和副交感神经的影响。

本着这一研究思路，我们发现，焦虑既不是性压抑的结果，也不是难产的后遗症，老实说，这样的解释都太离谱了。大家知道，孩子若是习惯了母亲的陪伴、帮助和支持，他有可能会察觉到，不管什么原因，只要自己表现得焦躁不安，就可以牢牢地控制住母亲。关于愤怒，我们也不局限于只做生理性描述，经验告诉我们，愤怒是控制某个人或某种处境的有效手段。生理特征和心理特征都是先天性的，这一点毋庸置疑，而我们关心的正是这种先天性因素在追求既定目标过程中的应用情况。这才是真正的心理学研究方法。

我们在任何一个人身上都可以看到，情感是朝着实现个人目标的方向生长并发展的。一个人的恐惧与勇敢、欢乐与悲伤，总是和他的生活方式相符的，而这些情感究竟能发挥出什么样的力量和支配能力也完全符合他的预期。假如一个人是通过忧伤来实现其优越感目标的，那么即便目标实现了，他也不会因此而感到快乐和满足；只有当一个令人同情的可怜人，他才会快乐。我们还注意到，情感的来来去去是由意志决定的。比如，患有广场恐惧症的人，当他在家时，或是在指使别人时，就不会感到紧张焦虑。再比如，神经症患者一旦感觉到自己没有足够的力量控制生活中的某些东西时，便会采取逃避的态度，会对这些东西置若罔闻。

情感同生活方式一样是固定不变的。比如，在弱者面前或者在别人的庇护下，懦夫也许会表现得趾高气扬、勇气十足，可是，懦夫总归是懦夫，他的懦弱本性是不会改变的。他也许会标榜自己如雄狮般勇猛，但与此同时，为了保护自己，他有可能会给门上加三道锁，还要养几只看家狗，买几个防盗铃。尽管他不会明说自己胆小害怕，但是在那不厌其烦的保护措施之中，他的懦弱性格一览无余。

性和爱情方面的情感差不多也是这样。当一个人心中有性目标的时候，便会产生与性相关的情感。他会将注意力集中在性目标上，摒除一切与这个目标有冲突或不相干的兴趣和爱好，这样就能激起相应的情感和功能。假如这类情感和功能没有被激发出来（比如出现阳痿、早泄、性欲倒错和性冷淡等反常症状），就证明这个人不愿意放弃某些不恰当的兴趣和爱好，也证明他的优越感目标和生活方式存在一些问题。我们发现，这类患者总是希望别人能体贴他们，而他们却从不体贴别人；他们一般都缺乏社会感，缺乏勇气和乐观精神。

我有一个病人，他是家里的次子，他一直被深深的罪恶感折磨得痛苦不堪。他的父亲和哥哥很看重一个人是不是诚实。七岁的时候，有一次他告诉老师作业是他自己做的，其实那是哥哥替他做的。之后的三年里，这件事一直让他的良心备受煎熬。最后，他终于向老师坦白了自己的谎言，但老师只是一笑了之，没觉得有什么大不了的。后来他又哭着向父亲坦白了这件事。这回倒是颇有收获，父亲以他的诚实为荣，夸奖了他，并且还安慰了他。

可是，尽管得到了父亲的原谅，他依然十分懊恼、难以释怀。从这些情况中我们得出了一个结论，那就是，这个孩子之所以为了一点小过失就如此痛责自己，无非是想证明他是一个品行正直、恪守道德规范的人。家里人都崇尚道德，生活在这样的氛围中，他很想在品行上有突出的表现，可是无论在功课上，还是在社会能力上，他都觉得不如哥哥，于是便想用自己的方式来获取优越感。

后来，又发生了许多事情，同样让他耿耿于怀，痛苦不堪。他手淫过，在学习上有时候仍旧会投机取巧，耍一点儿小手腕。结果，每当考试来临，他的罪恶感就会加深。再后来，这类问题越来越多。由于良知的困扰，他的精神负担要比哥哥沉重得多。于是，只要他比不过哥哥，沉重的精神负担就成了他失败的借口。大学毕业以后，他打算找份技术性工作，但强迫性罪恶感深深地困扰着他，他甚至得整天做祷告，祈求上帝的原谅。这样一来，他当然就没时间去工作了。

再往后，他的精神状况越来越糟糕，家人只好把他送进精神病院，而院方认为他已经无药可救了。可是过了一段时间，他的病情又有所好转，于是他就出院了。出院前他向院方提出一个请求——如果复发，还可以再回来。之后他改了行，又去攻读艺术史。可是，在临近考试的一个假日里，他竟然跑到教堂，趴在众人面前，大声哭喊着："我是人类最大的罪人。"就这样，他又一次成功地让人们注意到了他的良知。

在医院里又待了一段时间以后，他回了家。有一天，他竟然赤身裸体地去吃午饭。他身材健美，这一点倒是和他哥哥以及其他人不相上下。

罪恶感其实是他的一个手段，这一手段能够让他看上去比别人更诚实，也能够让他获取优越感。当然，他的这些做法都属于歪门邪道。他逃避考试和工作，这是懦弱和极度不自信的表现。当他没有信心面对某些事情的时候，当他想要逃避这些事情的时候，他的神经症就会发作。在教堂谴责自己，夸张地走进餐厅，这些都充分说明他是在用不光彩的手段来争取优越感。他之所以这样做，完全取决于他的生活方式；而他之所以会产生这样的情感，也完全是由他的目标所决定的。

还有一个现象也许能更清楚地显示出心灵对肉体的影响。这种现象比较常见，那就是，情感会令身体发生短暂的变化。毫无疑问，每一种情感都会有相应的身体表达方式。也就是说，人会用某种可见的方式来表露情感，如姿势或态度、面部表情、四肢的抖动，等等。情感还能引起生理器官本身的变化，比如，在某种情感的影响下，一个人可能会面色涨红或惨白，这意味着他的血液循环受到了影响。总而言之，生气、焦虑、忧伤以及其他所有情感都会在我们的“身体语言”中流露出来，因此，每个人的“身体语言”都是独特的，都是与众不同的。

身处恐怖之境时，有的人浑身发抖，有的人毛骨悚然，有的人心跳加速，也有人会流汗、窒息、声音嘶哑或者畏缩不前，甚至还有人会失去身体平衡，站都站不稳，或者可能会出现食欲不振、呕吐等症状。对某些人来说，恐惧这类情感影响的是他们的膀胱；而对于另外一些人，恐惧影响的则是性器官。比如，许多孩子考试时都会感觉到一定程度的性刺激。还有，众所周知，罪犯在犯了罪之后，常常会去妓院，或者是去找自己的女友。在科学界，有些心理学家声称性和恐惧密切相关，而有些则认为二者之间没什么联系。这其实都是基于个人经验的主观论调，所以也难怪双方一个说东、一个说西，意见总是统一不起来。

不同类型的人，其身体表达方式必然不同。研究表明，身体表达方式与遗传有某种程度的关联。比如，在同样的情形下，一个家族的成员可能会有类似的身体表达方式。我们通常都能从这类遗传性的身体表达方式中看出整个家族的特征。

不过，最重要的还是观察心灵是如何通过情感来激发各种身体反应的。我们从情感本身以及情感的身体表达方式中可以看出，在判断出自己的处境是有利还是不利之后，心灵会产生什么样的反应、会起什么样的作用。比如，某人若是发脾气，这表示他想尽快解决问题，而在他看来，最好的办法莫过于痛打、指责或攻击别人，于是他便发起脾气来了。接下来，生气会影响到器官，它会把器官调动起来，或者让器官紧张起来。比如，有的人生气时会感到胃部不适，有的人则脸涨得通红，这表明生气影响了血液循环。在生气这种情感的影响下，血液循环变化到一定程度就会引起头痛。一般来说，偏头痛和习惯性头痛往往都是由愤怒或恼羞成怒引起的，有时候愤怒甚至还会引起三叉神经痛和癫痫性痉挛。

至于情感具体是如何影响肉体的，这一问题我们研究得还不够全面（或许我们永远也无法彻底搞清楚这个问题）。在此我们权且以紧张感为例来大致解释一下情感和肉体的具体关系。根据目前的研究结果来看，紧张感对自主神经系统和非自主神经系统都有影响。人只要一紧张，他的自主神经系统就会有反应，于是他就会不由自主地动起来，他会拍桌子、咬嘴唇、撕纸，还会咬铅笔、啃指甲。这些举动都是他释放紧张情绪的渠道，它们传达出了这样一个信息：他觉得自己遇到了某种危险。还有，遇到陌生人就脸红、发抖或抽搐，这同样也是焦虑和紧张造成的结果。紧张感会通过非自主神经系统传遍全身，因此，只要一紧张，整个身体就会处于紧张状态。不过，紧张感引发的身体反应并不都像我们所举的例子这样明显，而我们这里只谈那些与神经紧张有明显关联的身体反应。

如果再继续深入探究下去，我们会发现，身体的每一部分都在参与情感表达，所以说，身体表达是心灵和肉体相互作用的结果。在我们看来，探讨心灵与肉体之间的相互作用非常重要，因为我们的研究对象——人，就是由心灵和肉体这两大部分组成的。

根据以上例证，我们可以总结出这样一个结论：生活方式以及由生活方式所决定的情感倾向，会持续不断地对肉体的发展施以影响。孩子的人格和生活方式在他很小的时候就已经形成了，假如有足够的经验，我们就能够从他的人格和生活方式中预见他将来的身体状况。就拿勇敢者来说吧，他那勇敢的态度一定会对他的身体产生影响——他的体格会与众不同，他的肌肉会更加结实，他的体态会更为挺拔。而体态对身体的发展有相当大的影响，正确的体态有助于塑造健美的肌肉线条。勇敢者的面部表情也很独特，这最终会影响到他的相貌，甚至还有可能影响到头盖骨的形状。

今天，心灵能够影响大脑的工作已经成了一个不争的事实。病理学的许多个案表明，因大脑左半球受伤而丧失读写能力的人，可以训练大脑的其他部分，使其承担左脑的功能，从而恢复读写能力。这种情况在中风患者身上颇为常见——大脑的受伤部分根本没有复原的可能性，其他部分便弥补了这一缺陷，于是大脑机能再度得以恢复。这一事实非常重要，它可以证明个体心理学在教育领域是有用武之地的。假如心灵能够对大脑施以这样的影响，假如大脑只是心灵的工具——尽管是最重要的工具，但也仅仅是工具而已——那我们就一定有办法发展和改进这个工具。我们会想办法训练大脑，让它更适合生命的发展，这样，人类就不必非得一辈子受大脑的局限了。

假如心灵将目标设定在了错误的方向上，比如不发展合作能力，那它就不可能促进大脑的成长。正是由于这个原因，有许多缺乏合作能力的孩子，他们在后来的成长过程中确实没能开发出自己全部的智力和理解力。既然一个成年人的生活方式在他四五岁的时候就已经定了型，既然这个生活方式会影响到他的一举一动，既然他的世界观和人生观会造成明显的不良后果，那我们就有办法找到他在合作方面遇到的障碍，并且能帮助他纠正错误。可以说，个体心理学已经在这个研究方向上成功地迈出了第一步。

## 三、心理特征和身体类型

许多学者认为，心灵表达和身体表达之间存在着一种永久性的关系。至于心灵表达和身体表达究竟谁是因谁是果，这个问题似乎并没有人做过什么深入研究。克雷奇默（Kretschmer）曾经指出，从一个人的生理特征中可以看出这个人的心理和情感特征。他根据这个理论把人分成了几种类型。比如，有一类矮墩墩的人，他们圆脸，短鼻，而且容易发胖。这正是莎士比亚笔下的恺撒所说的那类人：

愿我周围的人肥肥胖胖，
脑瓜油亮，酣睡通宵

——《尤利乌斯·恺撒》第一幕，第二场

克雷奇默将这类体格与特定的心理特征联系了起来，但他并没有进一步说明这样做的原因。在人类社会中，拥有这类体格的人生理上一般都没有什么缺陷，他们的身体对人类文化非常适应。他们觉得自己的身体同其他人一样棒，他们对自己的力量充满了自信。倘若要与人搏斗，他们不会紧张，而是觉得自己有搏斗的实力。不过，他们倒是没必要将其他人视为死对头，也不必认为生活中充满了敌意，自己非得进行一番殊死搏斗不可。有一派心理学家将这类人称为“外向者”，但并没有对此做出进一步的解释。我们也认为这类人属于外向型，理由是他们这样的体格不容易引发焦虑情绪。

克雷奇默的分类中还有一种类型与“外向者”截然相反，那就是人格分裂者。在这一类人中，有长得像小孩的，有高得出奇的，还有长着长鼻子和蛋形头的。克雷奇默相信人格分裂者一般都矜持寡言、性格内向，他们一旦出现心理障碍，便很容易患上精神分裂症。这就是恺撒所说的那类人：

> 扬·卡修斯多么瘦削，宛如饥民，
> 他心思太多，这人很危险
>
> ——《尤利乌斯·恺撒》第一幕，第二场

这类人也许有某种生理缺陷，因而会变得比较自私，悲观，内向。他们比一般人更渴望得到帮助，而当他们觉得自己没有受到足够的重视时，便会心生怨恨，满腹猜忌。不过我们发现，正如克雷奇默所说的那样，有许多人属于混合类型，就连矮胖的人也有可能发展出属于人格分裂者的心理特征。当然，这一现象并不难理解，因为在周围环境的影响下，矮胖的人有可能会朝着人格分裂的方向发展，他有可能会变得胆怯沮丧。可见，只要有目的地施以一系列的压制和打击，我们完全有可能将任何一个孩子变成人格分裂者。

如果有丰富的经验，我们就能从一个人的身体表达中看出这个人合作能力的强弱。事实上，由于人类社会离不开合作，所以

我们每个人一直都在下意识地搜寻着那些暗示合作倾向的身体特征。人类能够凭直觉找到许多这样的暗示，这些暗示会帮助我们在纷杂的生活中确定方向。比如，在每个历史大动荡到来之前，人们都能凭直觉预感到变革即将来临，于是便会努力去顺应并推动变革。不过，纯粹凭直觉行事的话，难免会出问题。比如，一般人都不大喜欢身体特征鲜明的人，总会设法避开身体畸形或毁了容的人，这是因为人们下意识地觉得身体异常的人一般都不大好相处。这样的想法简直是荒谬之极。当然，也不排除有些人是因为某种特殊的个人经历才这样想的。对于身体异常的人，目前确实还没有什么好办法来提高他们的合作能力。结果，正是由于合作方面出了问题，他们的身体缺陷在别人眼里就显得更加突出了，他们也就成了大众迷信的牺牲品。

现在我们来做个总结。在四五岁的时候，孩子就已经形成了自己的奋斗目标，并在心灵与肉体之间建立了牢固的互动关系。这说明，他的生活方式、情感特征和身体习惯此时已经全都定型了。从一个人的生活方式中，可以看出他的合作能力是强还是弱。合作能力是判断并了解一个人的关键所在，比如，所有的失败者都有一个共同点，那就是合作能力低下。在此我们可以给心理学再下一个定义：心理学是一门研究合作缺陷的学科。心灵是一个完整统一体，它的一切活动中都贯穿着同一种生活态度，因此可以说，一个人的思想情感和他的生活方式肯定是统一的。假如一个人的某种情感明显存在问题，甚至是和这个人的幸福背道而驰的，那么只去改变这种情感是起不到任何作用的，因为情感是这个人生活方式的真实体现，只有改变他的生活方式，才能彻底根除不良情感。

在这个问题上，个体心理学为教育学和医学提供了一个特别的思路。我们绝对不能只单独治疗某一个症状或人格的某一方面，我们必须要研究这个人的生活方式错在哪里，要研究他是怎样解读自身经历的，要研究他对生命的理解，还要研究他是如何对待自己的身体和周围环境的。这才是心理学的真正任务。真正的心理学不是为了要看孩子跳得有多高而用针扎他，也不是为了要看他笑得有多欢而抓他的痒。不幸的是，许多现代心理学家都是这样做的。这种做法的确可以让我们了解到一个人的某些心理活动，但也只不过是证实了这个人具有固定而独特的生活方式而已。

生活方式是心理学真正的研究主题和调查对象，而有些心理学家却把研究重点放在了除生活方式之外的其他事情上，他们做的大都是一些生理学或生物学研究。比如，他们会研究刺激和反应的关系、“创伤”或受惊所造成的影响，还会研究来自遗传的能力及其发展过程等等。至于个体心理学，它主要研究的是灵魂本身，是完整统一的心灵，是一个人对世界、对自己的看法，是他的目标、奋斗方向以及解决人生难题的方式。到目前为止，在怎样才能了解一个人这个问题上，个体心理学给出的最佳方法就是看这个人的合作能力。

# 第三课　自卑感与优越感

## 一、自卑情结

“自卑情结”是个体心理学最重要、最著名的研究成果之一，许多学派的心理学家都采纳了这一术语，并将它应用在了实践中。不过，我并不能确定他们是不是真正理解了这个术语，也不能确定他们是不是正确地运用了这个术语。比如，倘若直接告诉病人他有自卑情结，这样做对病人没什么好处，只会加重他的自卑感，却不能让他学会如何去克服自卑感。正确的做法是，找出潜藏在病人生活方式中的无力感，看他会在什么样的情况下感到自卑，并在他失去信心的时候鼓励他。

每一个神经症患者都有自卑情结。之所以这样说他们，是因为他们觉得自己的人生没什么用，他们会限定自己的行动和努力，会觉得自己这也不行那也不行。对于这样的人，只告诉病名是不管用的。假如我们说：“你有自卑情结。”他们并不会因此而信心大增。打个比方，这就像医生只告诉头痛患者：“我知道你的问题出在哪里，你害的是头痛病。”结果可想而知，患者的病情并不会因为这样一句话就得到缓解。

倘若有人问神经症患者有没有感到自卑，许多患者会回答：“没有。”有些甚至还会说：“恰恰相反，我觉得自己比周围的人都要优秀。”我们其实没有必要这样问，只需要观察他们的行为就可以了。从神经症患者的行为举止中，可以看出他们是用什么样的方式来肯定自己的。比如，某人若是举止傲慢，我们便会由此推测出他可能是这样想的：“别人也许会忽视我，我必须让他们瞧瞧，我是一个多么重要的人！”而假如某人边说话边做出强硬有力的手势，我们也能猜到他或许是在想：“如果不这样强调，那我说的话就没什么分量了。”

我们认为，在各种充满优越感的行为背后，都隐藏着一种需要竭力掩饰的自卑感。这就好比一个人觉得自己太矮，就会踮起脚来走路，好让自己显得更高一些。看看两个小孩是怎样比身高的就知道了——其中一个小孩有可能担心自己比对方矮，就会拼命挺直身子，想让自己看上去比实际身高要高。假如我们问他：“你是不是觉得自己太矮了？”那么别指望他会承认这个事实。

因此，我们不能想当然地认为，有强烈自卑感的人一定是唯唯诺诺的、安静的、拘谨的或者随和的人。自卑感的表现形式有上千种，这一点可以用三个小孩第一次去动物园的故事来加以说明。有三个小孩站在狮笼前，其中一个藏在妈妈身后，说：“我想回家。”另一个站在原地，面色苍白，浑身发抖，他说：“我一点儿都不怕。”第三个则狠狠地盯着狮子，问妈妈：“我可以冲它吐唾沫吗？”其实这三个小孩都感到害怕了，但每个人都用自己的方式表达了这种感觉，而他们的表达方式是由他们的生活方式所决定的。

我们每个人都有不同程度的自卑感，这是因为我们都会发现自己的处境总有不尽如人意的地方。要想摆脱自卑感，最直接、最实际、最有效的一个办法就是勇往直前、坚持不懈地改善自身处境。一个人不可能长期生活在自卑感的压力下，他会紧张起来，会采取某种对策来消除自己的紧张感。假如一个人没什么干劲，假如他不认为脚踏实地的努力一定会改善处境，那么，当他承受不了自卑感、想方设法要摆脱自卑感的时候，就不可能采取能让自己获益的对策。假如他的目标一直是“置身于困难之外”，而非努力去克服困难，那么他会说服甚至强迫自己去“感觉”优越感。可是与此同时，他的自卑感会加剧，因为造成自卑感的处境丝毫没有改变。既然根本原因还在，那他所采取的每一个措施都不过是自欺欺人的把戏而已，他会越陷越深，而他所面临的各种问题也会越来越严峻。

对于这样一个人，如果只从表面看，我们可能会以为他的行为都是漫不经心、毫无目标的，因为他所做的一切似乎根本不是为了要改善处境。不过，只要我们能认识到他像其他人一样在全力以赴地追求着一种满足感，与此同时能认识到自己的处境根本不可能改变，那么他所做的一切就很容易理解了。假如他觉得自己软弱，就会创造出一个可以让自己拥有强大感的处境。当然，他绝对不可能通过艰苦努力把自己训练得更强大，更有能力，而是会把自己训练得能够“感觉”到自己很强大、很有能力。他就这样拼命地欺骗自己，尽管有时候也会得到满足感，但这种满足毕竟是有限的，并不能彻底驱除他内心的自卑感。举个例子来说，假如他觉得自己在工作上没什么起色，那么在家里他可能就会成为一个暴君，这样就可以显示出他是何等重要了。无论他用怎样的方式来欺骗自己，内心的自卑感是绝对不可能消失的。就这样，他不断地故技重施，重蹈覆辙，自卑感却在日积月累，最终就会变成心灵深处的一股暗流，源源不断地涌动着。这样的人格特征才真正称得上是“自卑情结”。

现在我们该给“自卑情结”下一个明确的定义了。所谓自卑情结，就是指当个人难以适应某种环境或应付不了某个问题时，会深信自己对此确实无能为力。根据这个定义来看，愤怒也好，流泪也好，道歉也好，它们都有可能是自卑情结的表现形式。自卑感通常会引起紧张情绪。人一旦紧张起来，为了消除紧张感，也为了获取优越感，他就会采取一些补偿行动。不过，这类补偿行动的目标并不是要真正解决问题，而是指向了对人生毫无意义的事情，于是真正的问题便被掩盖了起来。这样的人会竭力限制自己的活动范围，他更关心的是如何避免失败，而不是怎样追求成功；面对困难，他会迟疑不决，停滞不前，甚至还会退缩逃避。

这种态度在广场恐惧症患者身上表现得非常明显。广场恐惧症患者通常都抱有这样一个信念："我绝对不能走得太远，必须待在熟悉的环境里。生活充满了危险，我得躲着点儿。"如果死抱着这个态度不放，患者便会把自己关在屋里不出来，或者是躲在床上不肯下来。

在困难面前，最彻底的退缩方式就是自杀。此时，面对着人生中的所有难题，自杀者深信自己确实已经无力回天了，于是便选择了彻底放弃。假如我们能够认识到自杀通常是一种谴责性或报复性行为，那么就会看出自杀行为中其实也隐含着追求优越感的意图。自杀者总喜欢把自己的死归咎于别人，他仿佛是在说："我是世界上最脆弱、最敏感的人，而你却这样残忍地对待我！"

每一个神经症患者或多或少都会限制自己的活动范围，限制自己与外界的接触。他力图与现实世界保持距离，存心要掩盖人生中的各种问题，并且只喜欢待在他自认为有能力主宰的环境中。就这样，他画地为牢，关上门，远离外界的一切，独自过着狭小而封闭的生活。至于他是用强硬的手段还是用哀戚的手段来主宰自己的世界，那就要看他受过什么样的教育了。他会在自己力所能及的种种手段当中，选择他认为最有效的那一个来实现目标；倘若这个手段没有达到预期的目标，他就会尝试另外一个。然而，无论用哪种手段，他的目标始终不变，永远都是要获取优越感，而不是努力去改善自己的处境。

比如，缺乏勇气的孩子一旦发现眼泪是达成愿望的最佳手段，他就会变得很爱哭，而爱哭的孩子在长大成人之后很容易患上抑郁症。眼泪和抱怨——我称之为“水性力量”，是驱使他人并扰乱合作的有效武器。爱哭的孩子和害羞、拘谨、有罪恶感的人一样，他们都有非常明显的自卑情结。这样的人乐于承认自己的软弱，乐于承认缺乏照顾自己的能力，但在他们的内心深处，却深藏着迫切追求卓越的目标，深藏着不惜一切代价以求出类拔萃的愿望。与此相反，一个孩子若是喜欢自吹自擂，那他给人的第一印象大概就是有很强的优越感。然而，如果抛开他的言辞不论，只看他的行为，我们就会发现，这个孩子同样具有自卑情结，只不过他自己不愿意承认罢了。

所谓的“俄狄浦斯情结”，实际上只不过是一种比较特殊的“画地为牢”神经症而已。假如一个人在爱的问题上放不开眼界，害怕面对外面的世界，他便永远无法摆脱恐惧感。假如这个人将自己局限在家庭的圈子里，那么毫不奇怪，他的爱欲也就只能局限在这个圈子里。由于缺乏安全感，除了自己最熟悉的那几个人之外，他从未留意过其他人；他习惯了支配自己圈子里的人，担心一到别的场合就会失去支配权。有俄狄浦斯情结的人都是被母亲惯坏了的孩子，他们所受的教育使他们相信自己的愿望就是法律，他们从来没有想过在家庭之外也可以凭借自己的努力赢得别人的好感和爱慕。即便在长大成人之后，这类人依然离不了母亲，依然会整天围着母亲转。在爱情问题上，他们所渴望的对象不是平等的伴侣，而是仆人——当然，最让他们放心的仆人就是他们的母亲。可以说，只要母亲一味地溺爱孩子，不准孩子对别人产生兴趣，只要父亲再对孩子冷淡一些，那么，任何一个孩子都有可能产生俄狄浦斯情结。

所有的神经症症状都是行为受限制的体现。比如，当口吃的人说话时，我们能看出他有些犹疑。他不是没有社会兴趣，他的社会兴趣会督促着他去和别人交流。可是与此同时，他又妄自菲薄，害怕交流失败，这一点恰恰和他的社会兴趣发生了冲突，结果，他说话时就不免流露出了犹犹豫豫的态度。除此之外，学校里的后进生，三十多岁还没找到工作的男男女女、逃避婚姻问题的人、不停重复相同动作的强迫症患者、由于过度疲倦而无法应付白天工作的失眠症患者，等等，这些人都怀有自卑情结，所以他们在解决人生问题时很难取得什么进展。还有一类人，他们的性行为以手淫和性变态为主。之所以选择这样的生活方式，是因为他们在接触异性时会产生一种无力感。假如我们继续问："为什么会产生这种无力感呢?"答案只有一个，那就是，因为他们好高骛远，给自己定了一个不可能实现的高远目标。

我们说过，自卑感本身并非变态，事实上，正是在自卑感的推动下，人类的生存状况才能不断得到改善。比如，正是由于人类意识到了自己的无知，意识到了需要为未来做好准备，这才推动了科学的发展；可以说，科学是人类为改善自身命运而努力奋斗的结果，是人类努力探索天地万物的结果，是人类为征服自然环境而努力奋斗的结果。因此在我看来，人类的一切文化其实都是以自卑感为出发点发展出来的。想象一下，假设有一个不带任何偏见的观察员来参观地球，他一定会得出这样的结论："这些人类呀，看看，他们设立了多少协会和机构啊！为确保安全他们做了多少努力啊！为了避雨，他们建造屋顶；为了保暖，他们缝制衣服；为了交通方便，他们铺筑道路——很显然，他们觉得自己是地球上最弱小的生物。"从某种角度来看，我们人类确实是地球上所有生物中最弱小的。我们没有狮子或猩猩那样强壮，独自应付困难的能力也比许多动物弱。有些动物也比较弱小，为了弥补这一缺憾，它们会团结起来，成群结队地过群居生活。不过，与自然界中的其他任何生物相比，人类更需要合作，而且更需要全面地合作。

人类的孩子尤其脆弱，他们需要好多年的照顾和保护。既然每个人都曾经历过最稚嫩、最弱小的时期，既然人类不合作就会任由环境摆布，那么不难理解，儿童若是没有学会如何与人合作，他肯定会成为一个悲观主义者，并且会产生根深蒂固的自卑情结。我们知道，即便是最具合作精神的人，生活也会不断地给他提出新的难题，因此，没有哪一个人会实现自己的终极优越感目标，也没有哪一个人会彻底征服周围环境。生命太短暂，肉体太脆弱，可是人生却不断地督促着我们交出更丰富、更完美的答案。虽然我们总能找到临时性的答案，但我们绝对不可能满足于既有的成就。不管怎样，人类的奋斗总是源源不断，永无止境的。不过，只有那些懂得合作的人，他们的奋斗才是充满希望的、有用的奋斗，是能够真正改善人类生存环境的奋斗。

我想，没有人会怀疑这样一个事实，即我们永远无法实现自己的终极目标。假如某个人或整个人类已经到达了一种再也没有任何困难的状态，那么这种状态下的真实生活肯定会非常乏味。想想看，每件事都能被预知，被提前估算出来，明天不会出现任何意料之外的机遇，未来也不会有什么值得期待的事情发生，这样的生活难道不乏味吗？生活的真正乐趣其实就在于不确定性。如果我们对每件事都十分确定，如果我们对所有需要了解的事都了如指掌，那就再也没必要进行探索和研究了。这样一来，科学将会走到尽头，我们的所见所闻全都是陈词滥调，为我们呈现出理想王国的艺术与宗教也不再有任何意义。因此，对我们的人生而言，能够面临无穷无尽的挑战应该是一件值得庆幸的事。总而言之，人类的奋斗永无止境，我们永远能发现新的问题，永远能为合作和奉献创造出新的机会。

神经症患者的发展从一开始就遇到了障碍，所以他解决问题的方式始终就停留在比较草率、肤浅的层面上。这样一来，他所面临的困难也就会越积越多。正常人则不同——面对困难，他会不断地想出新的、更有意义的解决办法。这样他就能够为社会作出贡献，不会拖同伴的后腿，不会成为大家的累赘，也不需要什么特殊照顾。总之，正常人会遵循自己的社会感及需求，勇敢而独立地面对人生问题。

## 二、优越感目标

每个人都有自己独一无二的优越感目标，目标的确立取决于他对生命的意义是如何理解的。生命的意义不仅仅是说出来的，它体现在每个人的生活方式上，或者可以说，它宛如一段个人独创的奇妙旋律，萦绕在每个人的一生当中。一个人的优越感目标不可能太直白，不可能让别人一眼就看穿，它是隐隐约约、模模糊糊的。因此，要想了解这个人的目标，我们只能根据他所流露出的种种迹象来猜测。打个比方来说，了解一个人的生活方式就像是在阅读诗人的作品。诗人写下的虽然只是字词，但他所表达的意义却要比这些单纯的字词丰富得多。因此，我们必须在诗歌的字里行间用心感受，认真琢磨，这样才能体会到它的真实意义。个人的生命哲学是这个世界上最复杂、最深奥的事物，所以心理学家同样也要学会在字里行间钻研琢磨，要掌握理解深层含义的本领，除此之外，别无他法。

一个人在四五岁的时候就已经明确地知道了生命对他意味着什么。他之所以能够做到这一点，并不是靠数学计算得来的，而是靠在黑暗中不断地探索，靠体验那些他不能完全理解的情感，靠捕捉点点滴滴的暗示，靠磕磕绊绊地摸索各种解释。同样，他也是靠一系列猜测和摸索来给自己设定优越感目标的。优越感目标是一种贯穿终生的动力，它永远是动态的，并不是地图上位置固定的某个点。没有人能够彻底地想清楚自己的优越感目标到底是什么，也没有人能够完整地描述自己的优越感目标。或许有人十分清楚自己的职业目标是什么，但那只不过是优越感目标的一部分而已；更何况，即便优越感目标相当明确，抵达这个目标的途径也有千万种。比如，某个人将来想当医生。这个理想中蕴涵了不止一种意义——他可能不仅仅是想成为某一医学领域的专家，在从事这个职业的过程中，他可能还会对自身以及其他人表现出特别浓厚的兴趣。我们会看到他是怎样主动去帮助别人的，也会看到他给自己的助人行为设定了什么样的界限。事实上，他已经把医生这个职业当做了弥补某种自卑感的手段。根据他在工作上以及其他方面的表现，我们肯定能猜到他想弥补的是什么样的自卑感。举个例子来说，我们发现许多医生在很小的时候就已经看到了死亡的真实面目。或许是兄弟姐妹去世了，或许是父母去世了，这给幼小的医生们留下了最深刻的印象——死亡是一件人类无法把握的事情。于是，他们便会给自己确立这样一个发展方向：为自己和其他人找到一个更为安全的方法来对抗死亡。

还有一些人或许会公开宣称自己将来想当教师。众所周知，教师也是千差万别的。假如一个教师没有多少社会感，那么促使他选择这个职业的优越感目标大概就是“宁为鸡头，不为牛尾”，因为只有同那些比自己弱小、比自己见识少的人待在一起，他才觉得安全，才会有优越感。相比之下，有强烈社会感的教师则会平等地对待学生，会真心实意地为人类谋福利。在此我只想指出一点，那就是，教师们的能力和兴趣千差万别，他们的行为完全是由他们个人的优越感目标所决定的。

只要确定了一个目标，为了配合它，个人的某些潜能肯定会受到一定程度的削减和限制。不过，每个人都有一个总的目标，这个总目标——我们称之为“原型”，在任何情况下都会推动所有这些被限制的潜能去实践个人对生命的理解、去追求终极优越感目标。因此，要想了解一个人，我们就必须透过现象看本质——透过这个人的具体表现来找出他的原型。一个人有可能会改变他的目标，比如他有可能改变职业。所以我们必须找到这些变化中潜在的连贯性，找到这个人的统一人格。在个人的所有表现之中，人格统一体是固定不变的。这就好比我们用不同的摆法来摆放一个不规则三角形，摆法一变，这个三角形看上去就好像是变成了另外一个不同的三角形；其实，再仔细看看的话，就会发现它始终都是同一个三角形。同样，原型（即总目标）也是固定不变的。原型的真实面目并不会完全暴露在某个单独的行为中，但我们能够从一个人的总体表现中认出它。我们绝不能对一个人说：“只有这样做，你才能成功地获得优越感。”因为通往优越感的道路不止一条。事实上，当追求优越感的努力在某一个方向上受阻时，一个人越健康、越正常，他便越有能力找到新的努力方向。只有神经症患者才会死盯着自己的既定目标说：“我一定要得到它，不然就什么都没有了。”

在衡量任何一种优越感目标的时候，我们都应该保持审慎而客观的态度，绝不能草率下结论。不过我们发现，所有的优越感目标都有一个共同点，那就是，想要成为像神一样伟大的人。众所周知，某些孩子有时候就会坦率地表达出这个愿望，他们会说：“我想当上帝。”某些教师甚至想把孩子培养得像神那样无所不知、无所不能，古代宗教戒律中同样也包含了这个目标——教徒应该以神灵为榜样来修炼自己。许多哲学家也曾有过这样的想法，“超人”观念就是其中之一。不说别的，我们只讲这样一件事——据说尼采（Nietzsche）发疯之后，在写给斯特林堡（Strindberg）的一封信中曾署名“被钉于十字架上的人”。

精神失常的人往往会不加掩饰地表达自己想成为伟大人物的愿望，他们会坚称“我是拿破仑”，或者“我是中国皇帝”。他们希望成为举世瞩目的中心，希望永远受到公众的注意，希望通过无线电触摸到全世界并听到所有人的对话，希望自己能够预言未来、能够拥有超自然的力量。

有些人会用比较温和、比较合理的方式来表达这种优越感目标，比如，他们希望无所不知，希望拥有全世界的智慧，或者是希望得到永生。无论是想要在尘世中永生不死，还是想要自己经历无数轮回、一次又一次地回到尘世中来，抑或是想要自己在另一个世界里永生不朽，这些愿望的本质是相通的，就是想成为像神那样永生不死的人。在宗教教义中，只有神才是永生的，只有神才能历经千秋万代、永恒不灭。在此我并不打算讨论这些观念是否正确，我只是想强调一点，那就是，所有这些观念都代表了人们对生命的某种理解，都是所谓的“意义”，而我们每个人都在不同程度上接受了这一意义——成为神，或者成为像神一样伟大的人，就连无神论者也不例外。无神论者们甚至希望自己能征服神、超越神。瞧，他们的目标多么不现实啊！

假如一个人的优越感目标已经确定，那么他的生活方式也就无可指摘，因为他所有的行动都和这个目标相符。也就是说，从实现既定目标这个角度来看，个人的所有习惯和行为都是正确的、是无可非议的。从问题儿童、神经症患者、酗酒者、罪犯或性变态的生活方式中可以看出，他们的行为和优越感目标是一致的。我们不应该批评他们的行为本身，而是要注意他们的优越感目标，因为一个人有什么样的行为取决于他有什么样的目标。

某学校里有个男孩，他是全班最懒惰的一个学生。老师问他：

“你的功课怎么这样糟糕?”他回答:“如果我是班上最懒的学生,你就会在我身上花更多的时间。你从不注意好学生,因为他们不在课堂上捣蛋,功课也做得很好。”假如这个男孩的目标是吸引老师的注意并控制老师,那么他算是找到了最好的办法。想让他改掉懒惰的毛病是没用的,因为他必须借助懒惰来实现目标。从这个意义上来讲,他完全正确;他要是不这样做,那才是傻瓜呢。

还有一个男孩,在家里很听话,但看上去有点儿笨;在学校里他也是个后进生,不怎么激灵。他有个哥哥,比他大两岁,生活方式与他截然不同。哥哥聪明活泼,但举止鲁莽,老惹麻烦。一天,有人听到弟弟对哥哥说:“我宁可笨点儿,也不愿意像你那样粗鲁。”假如我们能够认识到他的目标是远离麻烦,而愚笨恰恰是他实现目标的手段,那么他表面上的愚笨应该算得上是明智之举。正是因为笨,大家对他的要求就比较低;而且要是他犯了错,也不会为此而受到责备。从他的目标来看,不表现得笨一点儿才真是笨蛋呢。

迄今为止,人们在解决这些问题的时候,一直都习惯于治标不治本。个体心理学绝对不同意在医学或教育领域这样做。一个孩子的算术不行,或者学校给他的评语不好,假如我们只关注这些个别情况,只是拼命去纠正这些个别情况,那肯定是无济于事的。孩子之所以表现差,也许是因为他想让老师烦心,甚至是想让自己被学校开除,这样他就可以逃离学校了。倘若不让他这样做,他还会找到其他办法来实现自己的目标。

成年神经症患者也一样。假设有这样一个人,他患有偏头痛,不过这种头痛对他极为有用——每当他需要的时候,头痛便会及时发作。结果,他借助头痛病躲开了生活中的许多问题。当他被迫去见陌生人的时候,当他被迫做决定的时候,头痛病便会发作;而且,头痛病还是他欺压下属或家人的有力武器。既然这样,我们又怎能指望他会放弃这样一个有力武器呢？从他的立场来看，让自己的身体受点苦算得上是一项明智的投资，这项投资带来的是一笔他切切盼望的可观回报。毫无疑问，我们完全可以告诉他一个令他吃惊的病情分析，这样就能吓跑他的头痛病，就像有时候可以用电击或假手术吓跑炮弹休克症患者的症状一样；我们也可以通过医学手段来治疗他的头痛病，让他再也不会头痛，再也不能利用这个病。但是，只要他的目标没变，那么纵使放弃了这一种病症，他还会找到另外一种。头痛病“治愈”后，他会患上失眠症，或是患上其他什么新病。只要目标不变，他就只能这样换汤不换药地继续走下去。

某些神经症患者能够立竿见影地甩掉身上的病症，紧接着又能立竿见影地患上一种新的病症。他们就像是专门收集神经官能症的收藏家，不断地在扩展自己的藏品。对于这样的人，最好不要让他们阅读心理治疗类的书籍，因为这样做实际上是让他们有机会见识到更多的、自己尚未尝试过的神经性毛病。而我们需要深入探究的是他们选择某种病症的目的，以及这个目的与他们的总目标之间有什么关联。

假设我在教室里放一个梯子，然后爬上去，坐在黑板顶上。任何看见我的人都可能会想：“阿德勒博士疯了。”没有人知道梯子放在教室里做什么，更没有人知道我为什么要爬上去，或者我为什么坐在如此不舒服的地方。但是，假如大家知道“阿德勒博士之所以想坐在黑板顶上，那是因为只有待在比别人高的地方，他才不会感到自卑；只有待在能够俯视学生的地方，他才觉得安全”，那就不会认为我是彻底疯了。其实，我这是在用一种巧妙的方式来实现自己的既定目标。这样看起来，梯子就是一个理所当然的工具，而我爬梯子的行为也算得上是合情合理、顺理成章了。

让我这样发疯的原因只有一个，那就是我对优越感的理解。假如有人能令我相信我所选定的目标确实很糟糕，那么我或许就不会这样做了。可是，如果这个目标不变，那么即使拿走梯子，我还会踩着椅子爬上去；要是再拿走椅子，我还会试试看能否跳上去或是攀爬上去。所有的神经症患者都是这样，他们所选择的行为方式没有错、无可厚非，而错就错在他们的既定目标上，这才是真正需要改进的地方。目标一旦改变，他们的心理习惯和态度也会随之发生变化，于是他们就不再需要旧有的习惯和态度，与新目标相符的新的习惯和态度很快就会取而代之。

我们来看看这样一个例子：一个来我这里就诊的女士，三十岁，患有焦虑症，并且很难交到朋友。她不能独立谋生，因此至今仍是家里的一个负担。有时候她会找到文秘之类的简单工作，但不幸的是，雇主们经常骚扰她，吓得她只好辞掉工作。有一次她找到了一个职位，这回雇主倒是对她没什么兴趣，更没有什么暧昧举动，可她却因此而觉得很没面子，最终还是辞了工作。她已经接受了很多年的心理治疗——我记得应该是八年，但是治疗并没有提升她的社交能力，也没能让她找到一个赖以为生的工作。

在治疗这个病人的时候，我首先是要追溯她的幼年生活，然后在其中找出她这种生活方式形成的根源。没有学会了解儿童，是不可能了解成年人的。她是家里最小的孩子，非常漂亮，家里人宠她宠到了令人难以置信的地步。小时候，她的父母非常富有，她只要提出要求就会得到满足。听到这些情况时，我说："哇哦！你过的简直是公主般的生活。"她回答说："太巧了，过去大家确实都叫我公主呢。"我问她最早的记忆是什么。她说："记得四岁的时候，我走到屋外，看见一些小孩在玩游戏。他们动不动就跳起来大喊'巫婆来了'。我非常害怕，回家后就问一个住在我家的老婆婆是不是真的有巫婆这样的东西存在。她说：'是的，有许多巫婆、小偷和强盗，他们都紧紧跟在你的身后呢。'"

从这一点可以看出，她害怕孤零零一个人待着，并且，这种恐惧感贯穿于她的整个生活方式之中。她觉得自己不够强大，不能离开家，而家里人应该在各方面支持她、照顾她。她还有一个早期记忆，即“我有一位钢琴老师，是男的。有一天，他想要吻我。我钢琴也不弹了，直接跑去告诉了妈妈。从那以后，我就再也不想弹钢琴了。”这个记忆说明，她想让自己离男性远一点，她觉得恋爱是脆弱的表现，而她在两性关系方面的发展也与远离爱情这一目标相符。

在这里我需要补充一点。许多人在恋爱时都会感到自己变脆弱了，从某种意义上来说，这种变化是正确的。恋爱的时候，我们肯定是脆弱的，因为对另一半的爱往往会使我们变敏感，这样我们就比较容易受到伤害。只有那些以绝不示弱或绝不敞开心扉为优越感目标的人，他们才能避免恋爱中的依赖感和脆弱感。这样的人会回避爱情，他们并没有做好恋爱的准备。大家经常可以看到，当他们感到自己即将陷入情网的时候，便会摆出一副嘲讽的姿态来——谁让他们陷入恋爱的危险中，他们就会嘲笑谁。他们就是用这种方式斩断情丝、摆脱脆弱感的。

我们这位女病人在爱情和婚姻问题上也有类似的脆弱感。结果，当工作中有男人向她表达好感时，她便夸大自己受到的影响，于是，除了辞职逃跑之外，她别无选择。在她还没有把自己的这些问题理顺的时候，她的父母相继去世了，她那“公主”的世界也随即土崩瓦解。她设法找亲戚来照顾自己，但事情并没她想象得那么顺利。没过多久，亲戚们便对她不耐烦了，不再如她所愿地关心她了。于是，她指责他们，并且告诉他们让她孤零零一个人生活是件很危险的事。就这样，她最终说服了亲戚们，不必可怜兮兮地独自一个人生活了。

我相信，倘若家里彻底不再为她操心，她一定会发疯的。她实现优越感目标的唯一办法就是，强迫家里人支持她，让她不必考虑各种生活问题。她的内心深处潜藏着这样一个想法：“我不属于这个星球，我属于另外一个星球，在那里，我是公主。这个可怜的地球不理解我，也不懂得我有多重要。”要是再往前踏一步，她肯定就疯了。不过，幸好她自己还略有积蓄，再加上她能够说服亲戚朋友来照顾自己，所以总算没有踏出这最后一步。

下面再讲一个自卑情结和优越情结都很明显的病例。一个十六岁的女孩被送到了我这儿就诊，她从六七岁起便开始偷东西了，十二岁时便开始和男孩在外面过夜了。在她两岁的时候，父母经过长期的激烈争执后离了婚，母亲带着她住在外祖母家里。老人们大都会溺爱娇惯隔辈人，她的外祖母也不例外。而由于她出生时父母之间的矛盾已经达到了白热化程度，所以母亲对女儿的出世并不欢迎，她从未喜欢过女儿，母女之间的关系相当紧张。

这个女孩来就诊时，我和颜悦色地同她交谈了起来。她说：“我并不是真的喜欢偷东西，也不喜欢和男孩子瞎混，我只是想让我妈看看，她管不了我。”

“你这样做是为了报复吗？”我问她。

她回答说：“我想是的。”她想证明自己比母亲强，而她之所以有这样的想法，则是因为她觉得自己比母亲弱。她觉得母亲不喜欢她，于是便产生了自卑情结。为了维护自己的优越感，她能想到的唯一办法就是到处惹是生非。所以说，儿童若是有偷窃或其他违法行为，通常都是出于报复心理才这样干的。

一个十五岁少女失踪了八天，找到后被带到了少年法庭。在法庭上她编了一个故事，说自己是被一个男人绑架的，那个人把她捆了起来，在一间屋子里关了八天。可是没有人相信她。医生私下里和她谈了话，要她说出真相。看到医生不相信她所说的，她非常生气，还打了医生一耳光。见到她后，我问她将来想成为什么样的人，这让她觉得我最关心的是她的幸福，觉得我是在竭尽全力地帮助她。后来我要她讲一个曾经做过的梦，她笑着说了这样一个梦境：“我在一家酒吧里。从酒吧出来的时候，我碰到了我母亲，一会儿我父亲也来了。我让母亲把我藏起来，免得父亲看到我。”

这个梦境说明，她怕自己的父亲，而且一直在反抗父亲。父亲经常惩罚她。因为害怕惩罚，她不得已只好撒谎骗人。讲到这里我需要提醒大家，每当听到有谁爱撒谎，我们一定要看看，这个撒谎者的父母是不是非常苛刻。假如父母没那么苛刻，假如说出真相不会带来任何危险，那么当然也就没有必要撒谎了。另外，从这个梦境中还可以看出，她同母亲比较合得来。她后来向我承认，是有人把她引诱到了一个酒吧，在那儿她待了八天。因为害怕父亲，她不敢承认这件事。可是，在害怕的同时，她又盼望自己能战胜父亲。她认为父亲一直在压制她，而只有让父亲受到伤害，她才能感觉到自己打败了父亲、占了上风。正是出于这个动机，她才又玩失踪又撒谎的。

我们怎样做才能帮助这些在追求优越感过程中误入歧途的人呢？首先，假如我们能够认识到对优越感的追求是人的本性，那么这件事就好办多了。接下来，我们就要站在他们的立场上，设身处地、感同身受地去分享他们的奋斗。他们所犯的唯一错误就是把精力全都放在了毫无意义的目标上。对优越感的追求激励着我们每一个人，它推动着我们不断地为人类文明的进步作出贡献。整个人类就是沿着这条伟大的行动路线——由下而上、由无至有、由失败到成功地前进的。不过，只有那些在奋斗过程中能够惠及他人的人，只有那些在前进道路上能够使他人受益的人，他们才是真正能应付并主宰人生的人。

如果我们是以正确的方式对待别人的，那么想让人家信服并不难。人类是以合作为标准来判断一切价值和成功的，可以说，合作乃是一个伟大的普遍真理，每个人的行为、理想、目标、行动以及性格特征都应该有益于人类的合作。没有人会完全失去社会感，神经症患者和罪犯也不例外。神经症患者和罪犯会竭力为自己的生活方式辩解，会把责任推到别人身上，这些做法表明，他们确实清楚社会感是怎么一回事。可是，他们没有足够的勇气去过一种有用的人生，他们很自卑，这种自卑情结告诉他们："良好的合作关系跟你不沾边。"于是，他们避开了人生中的实际问题，整天沉浸在与假想敌的斗争之中，以此来肯定自己的力量。

人类社会的劳动分工精细复杂，各式各样的目标都能在其中找到适合自己的位置。虽然就像大家所看到的那样，每一个目标都可能含有某种程度的瑕疵，都有值得商榷的地方，但是，人类的合作与劳动分工确实需要各种不同的才能。比如，对于某个小孩来说，他的优越感目标可能是想在数学方面取得突出成绩；而另一个小孩可能会在艺术领域找到优越感，第三个则是把优越感目标定在了身体的发展上。再比如，消化不良的小孩或许会认为自己所面临的主要是营养问题，于是他的兴趣便有可能转向食物，因为他相信这样做能改善自己的处境，结果，他有可能会成为专业厨师或营养学家。从所有这些个人目标中我们可以看出，当人们一心想弥补某些缺憾的时候，必然会忽略或排斥一些可能性，也必然会给自己设定各种各样的限制。比如，大家都知道，哲学家必须时不时地远离社会，离群索居，因为只有这样他才能不受干扰，才能安安静静地思考、写作。不过话又说回来了，只要一个人具有强烈的社会感，那么不管他有什么样的优越感目标，都不至于出什么大错。

# 第四课　早期记忆

## 一、人格核心

一个人整体人格中的核心部分就是他对优越感的追求；在他的心灵发展过程中，我们时时刻刻都能看到这种追求的身影。认识到这一点对我们研究个人的生活方式非常有帮助。在此需要提醒大家牢记这样两个要点：第一，我们可以从任意一个行为或表现入手，因为任何一个行为或表现都会将我们引向同一个目的地，都会让我们看到个人人格的核心动机和主题；第二，可供我们研究的资料极其丰富，每一个字、每一个想法、每一种感觉乃至每一个手势都有助于我们的研究。在评价人格的某个方面或某种表现时，只有看清这个方面或这种表现在整体人格中扮演什么样的角色，我们才能给它下最后的结论；倘若不小心弄错了，那么我们可以参考其他千百种表现来加以检查和纠正。不过话又说回来了，人格的每一方面所表达的都是同样的东西，给我们提供的也都是同一个答案。

我们的工作其实和考古学很像。考古学家所做的是搜寻陶器和工具的碎片、建筑物的断壁残垣、破败的历史遗迹以及古代文献的断章残篇，然后再根据这些残存片段来推想业已消失了的整座城市全貌。我们所研究的并非消失了的事物，而是一个人身上相互关联的方方面面，是具有生命的人格，是这个人对生命的种种理解。

了解一个人并不是件容易的事。在所有的心理学中，个体心理学或许是最难学的，也是最难应用的。我们必须留心倾听整个故事。我们必须保持警惕，不要轻易下结论；只有在彻底挖掘出这个人的人格核心之后，我们才可以打消疑虑，做出判断。我们必须从大量的细枝末节中搜集线索，比如这个人走进房间的方式、打招呼和握手的方式、微笑的样子、走路的姿态，等等。我们或许会在某一点上出错，但总能在其他方面找到适当的信息来纠正或证实我们的想法。事实上，治疗过程本身就是在锻炼人的合作能力，也是在检验人的合作能力。因此，我们必须真诚地关心病人，必须设身处地地从病人的角度来看，来听，这样我们和病人才能合作成功，治疗才能收到效果。当然，为了方便我们了解他，病人也应该积极配合我们的工作。我们不仅要解决病人所面临的困境，还要解决他的态度问题。纵使我们觉得已经对他了如指掌，但如果他不了解自己，那还是无法证明我们的看法就是正确的。不被所有人认可的事实绝对不是全部的事实；既然病人不认可，那就说明我们对他了解得还不够充分。

也许是没有认识到这一点，其他心理学派才会提出“负转移和正转移（negative and positive transferences）”的概念。不过，这个概念绝对不会出现在个体心理学的治疗当中。对一个任性骄纵的病人采取放任的态度或许比较容易赢得他的好感，但这样做必然会助长他那潜在的控制欲；而假如我们轻视他，忽略他，则又容易引起他的敌意，他有可能因此而中止治疗，也有可能在随后的治疗中竭力证明自己没错，从而让我们束手无策。所以，无论是放任还是轻视，对病人都没什么好处。我们必须像对待正常人那样对待病人，关心病人，必须对病人抱有最真诚、最由衷的关切；我们还必须与他合作，齐心协力地找出他的错误。这既是为他好，也是为大家好。只要遵循这个治疗原则，我们就不会冒险去实施“转移”，也不会摆出一副权威的架子来，更不会让病人沦为依赖他人或是没有社会责任感的人。

在心灵的所有表现中，最能揭示出人格特征的就是记忆，因为记忆保存了一个人对自己的种种限定以及他对各种事情的理解。所谓的“偶然性记忆”其实根本不存在，因为记忆具有选择性。在一个人所接受的不计其数的印象当中，他记住的只是那些他认为与自己大有关系的东西；这些记忆代表着他的“人生故事”，他会不断地重温这些故事，从这些故事中汲取温暖和慰藉，用这些故事来勉励自己、让自己全身心地去追求既定目标，或者还会在这些故事中搜寻过去的经验和方法，用来应付未来的人生问题。举个例子来说，在日常生活中，大家可能经常会看到人们是怎样利用记忆来强化情绪的。假如某个人生性忧郁，那么他的所有记忆都会带上忧郁的色彩；而当他被挫折打击得意气消沉时，就会想起以前的挫折经历。如果是一个既开朗又勇敢的人，那他肯定会选择完全不同的记忆——他回忆起来的事情都是令人愉快的，并且还会使他更加乐观；每当遇到困难的时候，他就会唤起某些乐观记忆，以此来调整自己的心态。

由此可见，记忆和梦的作用是一样的。许多人在做决定之前，都会梦到自己早已顺利通过了的考试。之所以会做这样的梦，是因为他们把做决定当成了一场考试，于是便想重新营造出以前顺利通过考试时的那种情绪。在个人的生活方式当中，能够影响梦中情绪变化的东西，同样也可以影响现实中的情绪。忧郁的人如果老想着过去的美好时光和成功经历，便不会再忧郁；而如果他老想着“我这一辈子一直都很不幸”，那么他记住的只会是那些他认为代表着不幸命运的事情，结果，他就会一直忧郁下去。

## 二、早期记忆与生活方式

记忆绝不会与生活方式背道而驰。假如一个人的优越感目标让他产生“别人总是羞辱我”的感觉，他便会选择性地只记住那些他认为是羞辱的事情。不过，假如他的生活方式发生了变化，他的记忆也会随之改变，他会记住其他不同的事情，或者会换个角度来解读自己的记忆。

早期记忆特别重要。首先，它展示了生活方式的起因，展示了生活方式最早、最简单的一些表现。从早期记忆中，我们可以判断出一个孩子的许多特征，比如，他是被惯坏了还是被忽视了，他是如何学着与别人合作的，他愿意与什么样的人合作，他经历过哪些困难，他是如何对付这些困难的，等等。视力有问题的孩子会训练自己更细致地去观看，因此，他的早期记忆中会有许多与视觉有关的印象。他一开始回忆可能就会说“我环顾四周”之类的话，或者也有可能是对颜色和形状进行描述。身体有缺陷的孩子一般都希望自己能走能跑能跳，他会把这样的愿望带进记忆里。如果哪件事是从小时候一直记到了现在，那么这件事肯定与这个人的主要兴趣有关；而如果我们知道了他的兴趣所在，便可以从中看出他的目标和生活方式。正因为如此，对职业指导而言，早期记忆无疑具有非常大的参考价值。其次，我们还能从早期记忆中看出孩子与母亲、父亲以及其他家庭成员之间的关系。早期记忆最重要的价值在于，它代表了一个人对自己、对世界的看法——“我从小就是这样的一个人”，或者“我从小看到的就是这样的世界”。至于记忆是否准确，这倒不大重要。

对我们最具启发性的是一个人开始讲述故事的方式和他能想起的第一件事。第一个记忆能够体现出一个人的基本人生观，也代表了他最早认可的一种态度。从第一个记忆中，我们一眼就能看出这个人的发展起点在哪里，所以我在调查一个人的人格时，肯定会问及他的第一个记忆。

在我询问第一个记忆的时候，有的人并不想回答这个问题，他们会声称自己记不清哪件事是最早发生的。这种态度本身就能说明一些问题。我推测这样做就表示他们不愿意讨论自己的基本人生哲学，也不打算与我合作。不过，大多数人还是愿意谈论最早记忆的，他们只把这个记忆当做一个单纯的事实，并不去想其中会隐含什么深意。一般人都不大清楚最早记忆有这么重要的价值，因此大多数人都能够在回忆中自然而然地、毫无偏颇地流露出他们的人生目标、他们与别人的关系以及他们对周围世界的看法。最早记忆还有一个好处，那就是简洁凝练。这一点在做群体调查时极为有用。我们可以让一个班的学生写下他们的最早记忆，只要懂得怎样来解读这些记忆，那么仅仅通过这些记忆，我们就能大致了解每个孩子的心理特征。

## 三、分析早期记忆

为了便于说明问题，我来举几个最早记忆的例子，并对它们加以分析。先申明一点，除了这些记忆本身之外，我对讲述记忆的人一无所知，甚至不知道他们是儿童还是成年人。本来我们应该用人格中的其他表现来验证从最早记忆中找到的意义，不过，只凭这些记忆本身来磨炼我们的推测能力，这也是对专业技能的一种锻炼。只要具有一定的分析推测能力，我们就能看出哪些事情是真的，就能对不同的记忆进行比较研究。尤其是，我们能看出一个人是愿意合作，还是抗拒合作；他是胆大，还是胆小；他是想要人支持照顾，还是想要独立自主；他是准备付出，还是只想着得到。

1. “因为我妹妹……” 一个人的最早记忆里出现的是谁，这一点非常重要。倘若出现的是一个姐妹，我们便可断定这个人深受姐妹的影响。一般来说，由于姐妹的缘故，孩子的成长很可能会蒙上一层阴影，因为姐妹之间往往存在着一种敌意，她们争来斗去、互不相让，就像是在比赛似的，而这种敌意必然会妨碍双方的发展。如果一个孩子能友好地与人合作，他便会主动去亲近别人、关心别人；但如果内心怀有敌意的话，他便不会这样做了。我们当然也不可以妄下结论，说不定这两个孩子还真是一对好朋友呢。

“因为我妹妹和我是家里最小的孩子，所以我得一直等她到了入学年龄才可以去上学。”敌意这就开始浮现出来了。“我妹妹很碍事。她比我小，所以我得等着她。她限制了我的自由，夺走了我的机会!”假如这就是记忆的真实含义，那我们完全可以断定，这个女孩（或许是男孩）可能以为:“我生命中最大的危险，就是有人限制我、妨碍我自由发展。”讲这个故事的人很可能是个女孩，因为非得等到妹妹也可以入学了才让一个男孩去上学，这样的事似乎并不多见。

“结果我们是在同一天开始上的学。”从她的立场来讲，我们并不认为这是养育女孩的最佳方式，因为这有可能给她种下一个深刻的印象，即她之所以必须留下来等着别人，只不过是因为她的年龄比别人大而已。无论从哪个角度看，我们都能看出这个女孩就是这样理解的。她觉得由于妹妹的缘故，自己被忽视了。于是，被忽视了的她就会怪罪某个人，这个人很可能是她母亲。既然这样，那么就不难理解，她可能会对父亲非常依恋，并且竭力想让自己成为父亲最宠爱的孩子。

“我记得很清楚，妈妈告诉每一个人，我们第一天上学时她有多寂寞，她说：‘那天下午，我好几次跑到大门口，等着你们回来。我当时觉得好像你们再也回不来了似的。’”这是对母亲的描述，说明母亲是一个不怎么理智的人。女儿对母亲的看法是：“她好像真觉得我们大概再也回不来了。”在这里，母亲的关爱是显而易见的，女儿确实也感受到了她的关爱；但与此同时，女儿还流露出了紧张焦虑的情绪。假如能和这个女孩好好谈一谈，她肯定会列举出许多母亲偏爱妹妹的例子来。这样的偏爱并不奇怪，因为最小的孩子总是最受宠的。根据这个记忆，我们可以得出以下结论：两姐妹中的姐姐觉得在和妹妹的竞争中自己受到了妨碍。这个姐姐在以后的人生中很可能会嫉妒别人，会害怕竞争。假如她讨厌比自己年轻的女性，那也不难理解。我们的生活中确实有一些人终其一生都觉得自己太老，也有许多嫉妒心很强的女性在比自己年轻的同性面前会感到自惭形秽。

2. “我最早的记忆是我祖父的葬礼，那时我三岁。”这是一个女孩写的。看来死亡给她留下的印象非常深刻。这句话意味着什么呢？意味着她将死亡视为人生中最大的危险。根据小时候所遇到的那些事情，她总结出了这样一个真理：祖父会死。由此我们可以推测出，她是祖父的宠儿，祖父非常宠爱她。祖父母一般对孙子都很溺爱。与父母相比，祖父母对孩子的责任要小一些，接触孩子的机会也相应地要少一些，于是，他们总想把孩子吸引到自己身边，以证明自己还是像以前那样受欢迎。在我们的社会中，老年人确实很难发挥自己的价值，所以有时他们会用一些简单的方法来寻求自我肯定，比如发牢骚。现在我们相信，这个女孩很小的时候，祖父非常宠爱她；而正是由于这个原因，祖父的形象深深地印在了她的脑海中。祖父的死对她是个很大的打击，从此她失去了一个仆人、一个盟友。

“我记得很清楚，他躺在棺材里，身体僵硬，面色惨白。”我不确定让三岁小孩看到死人是否合适，尤其是在他们还没有思想准备的情况下。很多孩子告诉我，他们看见过死人，印象非常深刻，永远也忘不了。这个女孩也一样。这类孩子往往会想方设法地削弱或克服死亡带给他们的恐惧，他们的目标大多是成为一名医生，因为他们觉得医生比其他人更有能力对抗死亡。如果让一个医生讲讲自己的最早记忆，他很可能会讲到一些与死亡有关的事情。“躺在棺材里，身体僵硬，面色惨白。”瞧，这个女孩对当时所看到的情景记得多么清楚！这说明她很有可能属于视觉型，喜欢用眼睛观察世界。

“后来就到了墓地，当棺材放下去的时候，我记得有人把绳子从那个粗陋的箱子底下抽了出来。”她进一步讲述了她所看到的情景，这证实了我们之前的猜测——她属于视觉型。“这个经历是那么的恐怖，以后只要一提到哪个亲戚、哪个朋友或熟人到另一个世界去了，我就很害怕。”这里我们再次看到，死亡给她留下了极其深刻的印象。

假如我有机会和她交谈的话，我会问她：“你长大后想干什么？”她的回答有可能是“医生”。假如她回避这个问题，不愿意回答，那么我就会换一个启发式的问题来问她：“你不想当医生或护士吗？”此外，当她提到“另一个世界”的时候，我们十分清楚，这是一种想要消除死亡恐惧的表现。从她的整个记忆中我们了解到，祖父对她很好，她属于视觉型，死亡在她的心目中占有很重要的地位。她从生活中得出的结论是“大家都得死”。这的确是个事实，我们每个人都不免一死。然而，并不是每个人都把死亡当做头号问题来看待的，除此之外，人生还有许许多多有趣的事情在等着我们哩。

3. “我三岁的时候，父亲……”回忆一开始，她父亲就出现了。在此我们先做一个假定，即这个女孩喜欢父亲胜过母亲。一般来说，喜欢亲近父亲是儿童成长过程中第二阶段的表现。孩子刚开始是和母亲更亲一些，因为一两岁期间，孩子接触最多的人是母亲。这时候孩子需要母亲、依恋母亲，他的一切内心活动都和母亲密切相关。假如孩子转向了父亲，那就说明母亲失职了。孩子之所以不满意自己的处境，通常是因为家里又有一个小孩出生了。如果这个记忆中会出现一个比她小的孩子，那我们的假定就会得到证实。

“我父亲给我们买了一对小马。”——瞧，不止一个孩子，接下来我们应该还能听到另外一个孩子的情况。“他把马牵了过来。比我大三岁的姐姐……”在此我们必须修正一下之前的分析了。我们本来以为讲故事的这个女孩是姐姐，结果她却是妹妹。或许母亲更宠爱姐姐，所以这个女孩才会提到父亲，才会提到父亲送的礼物——两匹小马。

“我姐姐拉着缰绳，得意扬扬地牵着马走在街上。”这描述的是姐姐的胜利姿态。“我自己的马紧跟着那匹马，跑得太快了。”姐姐领先的结果是，“我脸朝下摔倒了，小马还一直拖着我在地上跑。”这本来应该是一个非常愉快的经历，结果却让这个女孩很没面子。姐姐胜利了，她赢了这一局。我们确信这个女孩肯定会想：“如果我不小心，姐姐就总会赢，而我总要被打败，总要趴在地上。要想避免这种危险，唯一的办法就是争取超过她。”我们还认为，母亲宠爱的是姐姐，这就是妹妹之所以转向父亲的原因。

“后来我的骑术比姐姐好，但这根本弥补不了那次的遗憾。”到这里，我们的假定全部得到了证实。我们看出这两姐妹之间存在着一种竞争关系。妹妹认为：“我总是落在后面，我必须努力往前冲，争取超过其他人。”这是我之前描述过的一类人。这类人通常是家里的老二或老小，他们前面都有一个遥遥领先的哥哥或姐姐，在这种处境的激励下，他们一直在努力地赶超那些领先者。

这个女孩的记忆强化了她的态度，它告诉她：“如果有人超过了我，我就会有危险。我必须永远保持第一。”

4.“我最早的记忆是比我大十八岁的姐姐带我出入各种聚会和其他社交场合。”这表明讲故事的女孩并没有忘记自己是社会的一分子，因此，我们或许会在这个记忆里看到其他记忆里少有的那种交流与合作场面。此外，大她十八岁的姐姐一定就像妈妈一样，是家里最疼她的人之一。不过，姐姐似乎更关心她的智力表现。

“在我出生之前，姐姐是家里五个孩子中唯一的女孩，所以她当然喜欢拿我来炫耀了。”这听上去似乎不如我们想象的那么好。假如一个孩子老被拿来“炫耀”，那么他所感兴趣的可能只是得到社会的欣赏，而非为社会作贡献。“因此，在我还很小的时候，她就带着我到处逛。至于那些聚会，我唯一记得的是，姐姐总是强迫我说话，比如‘告诉这位小姐你叫什么名字’，等等。”——这实在是一种错误的教育方式。假如这个女孩因此而患上口吃的毛病或者说话能力有欠缺，那也是意料中的事。孩子之所以口吃，通常就是因为人们对他的说话能力过分关注。人们教会他要重视自我，要寻求赞赏，但并没有教会他如何自然地、没有压力地与人交流。

“我还记得，倘若不说话，回家后肯定要挨骂，于是我渐渐开始讨厌出门，讨厌和人交往。”看来我们必须彻底修正前面的那些分析了。现在，这个记忆中所隐含的意义终于水落石出了，那就是，“人家把我带出去社交，但我发现这并不是件令人愉快的事。正是因为有了这些经历，从此以后我讨厌与人合作，讨厌与人来往。”如果是这样的话，我们会发现，纵使到了今天，她依然不喜欢与人交往。我们还会发现，只要和别人待在一起，她就感到不自在，她会过分注意自己，会担心自己的表现；她认为自己应该表现得光彩照人，但同时又觉得对自己这样要求太过分。总之，她已经不能轻松而平等地和他人交往了。

5.“我小时候经历过一件特别重大的事情。在我大约四岁的时候，曾祖母来看望我们了。”我们已经注意到祖母总是对孙子百般宠爱，但还没有见过曾祖母是如何对待孙辈们的。“她来看望我们的时候，我们一起拍了一张四世同堂的全家福照片。”可见，这个女孩对自己的家世和出身非常感兴趣。既然她能如此清晰地记得曾祖母的拜访以及拍照的事，那么我们或许可以断定，她对家庭非常依恋。如果真是这样的话，那我们就会发现，她的合作能力绝对超不出家庭范围。

“我记得很清楚，我们开车去了另一个镇子。到了照相馆以后，我换了件白色绣花的衣服。”——这个女孩或许也属于视觉型。“拍全家福之前，我和弟弟先照了张合影。”这里我们再次看到了她对家庭的兴趣。弟弟是家庭中的一员，我们后面还有可能听到更多有关她和弟弟之间的事。“他挨着我，坐在椅子的扶手上，手里拿着一个鲜亮的红气球。”现在我们看出这个女孩的诉求重点是什么了——她觉得弟弟比自己受宠。由此我们或许可以做这样一个推测：她本来是家中最小、最受宠的孩子，但弟弟出生后就抢走了她的位子，她因此而感到很不高兴。“他们让我们笑。”其实，她这句话的言外之意是，“他们想让我笑，可是有什么事值得我高兴呢？他们让弟弟高高坐在宝座上，给他一只鲜亮的红气球，可是给了我什么呢？”

“接下来是拍四世同堂全家福。除了我，每个人都想摆出最好看的姿势。我一点儿都笑不出来。”——她在对家人表示抗议，因为她认为家人对她不够好。在这个最早记忆中，她没有忘记告诉我们，全家人是怎样对待她的。“人家让弟弟笑的时候，他就笑得那么灿烂。他是多么招人喜欢啊！直到今天，我一直都非常讨厌照相。”从这样的记忆中我们可以清晰地看出大多数人是怎样对待人生问题的——得到一个印象后，就以这个印象为标准来衡量一切行为，以这个印象为出发点得出各种结论，并认为这些结论都是不可辩驳的事实。很显然，拍那张照片的时候，这女孩不大高兴，从此以后她就一直痛恨照相。大家经常会看到，一个人若是不喜欢某样东西，他会从过去的经历中挑出一些事情来解释自己为什么不喜欢这样东西。关于这个女孩的人格，她的最早记忆为我们提供了两条重要线索：第一，她属于视觉型；第二，她对家庭非常依恋。在她的最早记忆中，所有的事情都是发生在家庭成员之间的，是与家庭有关的，因此她很可能不大适应社会生活，这一点尤为重要。

6. “我的最早记忆，或许还不算最早的，是在我大约三岁半时发生的一件事。为我父母工作的一个女孩把我表弟和我领到地窖，给我们尝了尝苹果酒。我们非常喜欢那酒的味道。”在地窖里找到苹果酒是一个有趣的经历，可以说是一次探险之旅。如果现在就需要下结论的话，我们这里有两种截然相反的选择：第一，这个女孩喜欢接受新鲜事物，能够勇敢地面对生活的挑战；第二，恰恰相反，这个女孩真正想表达的是，有许多意志强硬的人会诱骗我们，把我们引入歧途。究竟哪一点是正确的呢？这就要看记忆的其余部分讲的是什么了。“过了一会儿，我们决定再尝几口酒，于是就亲自动手了。”看来这是个勇气十足的女孩，她想要独立自主。“不一会儿，我的腿就不听使唤了。后来我们把苹果酒全都打翻了，搞得地窖湿漉漉的。”在此我们可以看到，一个坚定的禁酒主义者是如何练成的。

“不知道是不是因为这件事我才不喜欢苹果酒以及其他一切酒精饮料的。”看来，一件不大引人注意的小事又一次决定了一个人的人生态度。实事求是地说，这件事似乎不足以造成如此深远的影响；可是，这个女孩却觉得这足以解释自己为什么不喜欢含酒精的饮料。由此我们或许能得出这样一个结论：她是一个懂得吃一堑长一智的人；她有可能非常独立，犯了错也愿意改正。这种品质或许会成为她的标志，她或许会这样说："我难免会犯错，但如果我发现那是不对的，就一定会改正。"果真如此的话，那就证明她的性格非常棒——积极进取，勇于奋斗，渴望提升自己并改善自身处境，渴望过一种美好而有益的生活。

在以上这些例子中，我们所做的就是锻炼自己的推测能力。不过，要想对一个人做出准确无误的判断，我们必须要参照最早记忆之外的其他人格特征。为了说明人格的所有表现都是连贯一致的，下面我们再来看几个例子。

一个三十五岁的男子来找我看病，他患有焦虑性神经症。只要一离开家，他就感到焦虑。他有时也会去工作，可是只要一进办公室，他便整天唉声叹气，打不起精神。这种症状直到晚上回到家和母亲坐在一起时才会停止。当我问到他的最早记忆时，他说："记得四岁的时候，我在家靠窗坐着，看着窗外的人们在兴高采烈地干活。"看来他只想看着别人干活，只想坐在那里袖手旁观。要想改变他的现状，唯一的办法是让他抛掉自己不能和其他人一起工作的想法。他一直以为，只有在别人的照顾下，自己才能好好活着。我们必须帮他改掉这个想法。责骂他是无济于事的，使用药物或荷尔蒙对他也起不到什么作用，不过，根据他的最早记忆，我们可以推荐一些能使他产生兴趣的工作。他的主要兴趣在于观望。他是近视眼，因为有这个缺陷，他对可视性事物会更加注意。到了应该开始工作的年龄，他并不着急去工作，而是还想继续"观望"下去。然而，工作和"观望"这两件事情并不冲突，有时候完全可以兼顾。病愈后，他找到了一份适合自己兴趣的工作——

开了一间艺术品商店。这样，他就能够以自己的方式为社会和劳动分工作出贡献了。

一个三十二岁的男子来就诊，他患的是歇斯底里失语症。除了嘟嘟哝哝的自言自语以外，他什么都说不出来，这种情况已经持续两年了。病症的起因是，一天，他踩到一块香蕉皮滑倒了，撞在了一辆出租车车窗上，接下来他呕吐了两天，之后就落下了偏头痛。毫无疑问他得了脑震荡，但他的喉部器官并没有受到任何影响。既然如此，那么脑震荡就不足以解释他为何说不了话——事故之后有八周时间他完全处于失语状态。他提出了诉讼，把责任全部归咎于出租车司机，要求出租车公司赔偿。可是这个官司确实不怎么好打。大家都知道，如果能出示某种明显的伤残，那他或许会在这场官司中占优势，否则的话很难胜诉。这并不是说他不诚实，但他确实对正常说话不大积极。这大概是因为在事故中受到惊吓之后，他说起话来真的有些困难，可他却看不出有什么理由非要去改变这种状况不可。

这位患者曾经找过喉科专家，但专家也查不出什么毛病。问到他的最早记忆时，他告诉我们："我躺在摇篮里，摇啊晃啊。然后我看见挂钩脱落了，摇篮掉了下来，我受了重伤。"没有人喜欢从高处摔下来，不过这位患者对自己摔下来这件事看得太重了，而且他最在乎的是摔下来所造成的严重后果。这大概就是他的主要兴趣。"我摔下来以后，门开了，妈妈冲了进来，她吓坏了。"由于他摔了下来，所以引起了母亲的关注；但这个记忆还有另外一层含义，那就是谴责——"妈妈没有照顾好我"。同样，出租车司机和公司也犯了这个错误——对他照顾不周。由此可见，他是一个被惯坏了的孩子，他的生活方式就是总想让别人来承担责任。

他的另外一段记忆讲的是同样的事："五岁的时候，我从二十英尺高的地方摔了下来，头上压了一块很重的木板。大概有五分钟或者更长的时间，我一句话都说不出来。”看来这个人很擅长失去说话能力。他习惯以高处坠落为由来拒绝说话，在这方面他可谓是训练有素、经验丰富。我们并不认为从高处摔下来就是造成他不说话的真正原因，但他似乎就是这么看的。现在，他已经能随心所欲地运用这种方法了——只要一摔倒，他自然而然就说不出话来。我们必须要让他明白这样做是错误的，让他明白摔倒与失语之间没有任何联系，尤其要让他明白，一个人没必要为了一次事故就嘟嘟哝哝地自言自语长达两年之久。只有这样，他才能痊愈。

这个记忆同时也道出了他为什么总是做这种事的原因。“妈妈冲了出来，”他接着说，“看上去非常激动。”他两次摔下来都吓坏了母亲，并把母亲吸引到了自己身边。可见，他是一个渴求宠爱、想要成为关注焦点的孩子。这样我们就明白了，他之所以一摔倒就说不出话，目的无非是想让别人都来安慰不幸的他，都来关心他。在同样的情况下，其他被惯坏了的孩子也会这样做；但他们可能不再用语言障碍来说事儿，而是会生出别的什么病症来。可以说，通过语言障碍来赢得关注是这位患者的典型特征，是他从自身经历中总结出来的一种生活方式。

一个二十六岁的小伙子来找我，他抱怨说自己找不到称心如意的工作。八年前，他父亲安排他进了经纪行业，但他根本不喜欢这一行，最近终于辞了职。他想再找个工作，但一直没找到合适的。他还说自己睡不着，并且经常有自杀的念头。放弃经纪工作之后，他离开了家，在另一个城市找了份工作。可是家里来信说母亲病了，于是他又回来和家人住在了一起。

听到这个故事我们大概已经猜出来了——他母亲非常宠爱他，而父亲则对他管教甚严。可以想见，他的人生就是一场反抗严父的斗争。问到他在家中的地位时，他回答说自己是老小，而且是家里唯一的男孩；有两个姐姐，大的一个总想指挥他，小的也差不多；父亲总是对他唠唠叨叨、喋喋不休；于是，他深切地感受到全家人都在控制他，只有母亲是他唯一的朋友。

直到十四岁他才开始上学。后来，他父亲又让他上了农校，这样他就可以在父亲计划购买的农场里帮忙了。这个男孩在农校里表现不错，但他根本不想当农夫。之后他父亲在经纪公司给他谋了个职位。奇怪的是，他竟然在这个位子上干了八年。不过他说之所以这样是因为他想尽可能地为母亲多做点事。

他小时候又邋遢又胆小，怕黑，也怕独自一个人待着。每当我们听到一个孩子邋里邋遢的时候，那么肯定还会听到有某个人跟在后面替他收拾东西。每当我们听到一个孩子怕黑、不喜欢独自待着的时候，那么肯定也会听到有某个人在一旁关心他，安慰他。对这位年轻人而言，那个人就是他的母亲。他觉得交朋友不容易，但在陌生人中间，他还是很合群的。他从来没有谈过恋爱，对恋爱也不感兴趣，更不想结婚。他认为自己父母的婚姻并不美满——这或许就是他不想结婚的一个原因吧。

父亲逼着他在经纪这一行里继续干下去，他本人却想从事广告业，不过他相信家里不会在这方面出钱培养他的。不管从哪个角度来看，我们都看得出他行动的目的就在于反抗父亲。在经纪公司工作的时候，尽管他经济独立，但却从没想过要用自己的钱去读广告专业。到了现在他才考虑这件事，而且还想要父亲给他出这个钱。

他的最早记忆很清楚地表现了一个被惯坏了的孩子对严父的反抗。他还记得自己以前在父亲的餐馆里干活的情形。他喜欢洗盘子，还喜欢把盘子从一个桌子换到另一个桌子上去。他乱动盘子的做法惹火了父亲，结果，父亲当着顾客的面打了他一记耳光。他把这段早期记忆当做了一个有力证据，以此证明父亲是他的敌人，而他的一生就是一场反抗父亲的斗争。他现在一点儿都不想出去工作——只要这样做能伤害到父亲、能让父亲感到难受，他也就心满意足了。

他的自杀念头很容易理解。任何自杀行为都是一种谴责。他想到了自杀，这就等于是在说：“全都是我父亲的错，要不是他……”他对工作的不满也是针对父亲的。父亲安排什么，他就反对什么。可是，他又被惯坏了，自己无法独立创业，而且他确实也不想出去工作。尽管无所事事、游手好闲，但他和母亲的关系还可以。

不过，反抗父亲和他的失眠又有什么关系呢？倘若晚上睡不好，那他第二天工作起来便会无精打采。父亲希望他出去工作，但他却疲惫不堪，觉得无法胜任工作。当然，他可以说：“我不想工作，我也不想别人逼我。”但是他惦记着母亲，并且还得考虑家里的经济状况。假如他直接拒绝工作，那么家里人便会认为他不可救药，不愿意再养活他了。他需要一个借口，于是便找到了这个本不该有的毛病——失眠。

刚开始他说自己从不做梦，不过后来他想起了一个常做的梦。他梦到有个人朝墙上扔球，但球总是弹开。这看起来似乎是一个微不足道的梦。我们能不能在这个梦和他的生活方式之间找到某种联系呢？

我问他：“接下来又发生什么事了？”他告诉我：“每到球弹开的时候，我就醒了。”在这里他暴露出了自己失眠的真相——这个梦是叫醒他的闹钟。他觉得每个人都想推动他、驱使他、强迫他去做他不愿意做的事，于是他会常常梦到有个人朝墙上扔球，并且一到这个时候他就醒了；结果，由于睡眠不足，第二天他就会感到疲倦，昏昏沉沉的他当然是无法正常工作了。父亲迫切地想让他工作，而他则用这种迂回的方式打败了父亲。如果单从反抗父亲这个角度来看，我们也许会认为他使用这样的手段真是太聪明了。然而，无论是对他自己还是对别人来说，他的生活方式都非常糟糕，所以我们必须要帮他纠正过来。

在我给他解释了他的梦境之后，他便不再做这个梦了，但他告诉我晚上还是会时不时地醒来。这是因为，在认清自己做梦的目的之后，他就再也没有勇气继续做这个梦了，但他仍然想让自己在第二天疲惫不堪、不能工作。我们怎样做才能帮助他呢？唯一可行的办法就是让他和父亲和解。只要他还是一门心思地想激怒父亲、打败父亲，那问题就没法儿解决。

从一开始，我便依照惯例对病人的态度表示了认同。“这显然全都是你父亲的错，”我说，“他太不明智了，老想让你听他的。也许他有病，需要治疗。但你又能做什么呢？你不可能改变他的。打个比方说吧，假如下雨了，你该怎么办？你只能撑把伞或者搭出租车。谁要是想同大雨搏斗，想制伏它，那肯定是白费劲。现在你就是在同大雨搏斗，你相信这样做能显示自己的力量，相信自己占尽上风，但实际上受伤最深的还是你自己。”

总之，这个年轻人面临了一系列问题，比如事业上的飘忽不定、自杀的念头、离家出走、失眠，等等。我给他指出了这些问题中潜在的连贯性，还指出了他是如何通过惩罚自己来惩罚父亲的。最后我给了他一个建议：“今晚入睡之前，想象一下你要不断地让自己醒来，这样明天就会疲倦，想象你明天疲倦得不能去工作，父亲因而会大发雷霆。”我这样做是想让他认清一个事实，即他的主要兴趣在于惹恼并伤害父亲。倘若不能制止这种反抗，再怎么治疗都无济于事。他是个被惯坏了的孩子，这一点我们都看得出来，现在连他自己也看出来了。

这个年轻人的情况与所谓的“俄狄浦斯情结”极为相似。他一门心思地想伤害自己的父亲，而对母亲又非常依恋（不过这与性无关）。母亲溺爱他，父亲则丝毫没有同情心。父母对他的养育方式是不正确的，而他对自己的处境又做出了错误的解释。他的问题同遗传没什么关系，也不是出于本能（就像杀死部落酋长谋权篡位的野蛮人那样），而是从他本人的经验中总结出来的。像这样的态度在任何一个孩子身上都能激发出来，我们唯一需要做的就是给他一个溺爱孩子的母亲（就像这个年轻人的母亲那样），再给他一个严厉的父亲（就像这个年轻人的父亲那样）。倘若这个孩子因此而成长为一个既反抗父亲又不能独立解决问题的人，那我们就会明白，想让一个人形成这样一种生活方式其实非常容易。

# 第五课　梦

几乎每个人都会做梦，但令人诧异的是，没有几个人能对自己的梦做出合理的解释。然而，梦毕竟是人类心灵的一种普遍活动，因此人们始终对它怀有浓厚的兴趣，希望能了解它所蕴涵的意义，甚至还有许多人相信自己做的梦意义深刻，既奇异又重要。对梦的兴趣可以追溯到人类早期，但总体而言，人类至今仍然不清楚自己做梦时在干什么，甚至不明白为什么做梦。据我所知，在梦境解析这方面，既全面又系统的理论只有两种，那就是弗洛伊德心理分析学派和个体心理学派。在这二者之中，大概只有个体心理学的研究方法才称得上是最合情合理的方法。

## 一、以往对梦的解析

当然，尽管以往对梦的解析并不科学，但也值得一提，至少这些解析可以揭示出当时的人们是怎样看待梦的，也可以揭示出他们对做梦这一行为所持的态度。梦是心灵进行创造性活动的产物，倘若研究一下从前的人对梦的作用有什么样的看法，大概就可以看出他们在追求什么样的目标了。研究一开始我们便发现，人们一直理所当然地认为梦与未来之间存在着某种关联。当时的人们普遍认为，人在做梦的时候，一定有某个精灵、神或祖先在操纵着他的心灵；而还有一些人甚至会在面临困难的时候用梦来指引自己。

古代解梦的书对梦做过一些解析，也描述了梦是如何预示做梦者未来的。古人通常会在他们的梦境中寻找征兆和预示。比如，古希腊人和古埃及人往往会去神庙祈求神赐予一个神圣的梦，他们认为这样的梦不仅能够影响自己的未来人生，还兼具治疗作用，可以拔除身体或心理上的毛病。再比如，美洲印第安人会煞费苦心地利用涤罪、禁食、沐浴等手段来招引梦；在做了梦之后，他们会依据自己对梦境的解析来采取行动。还有，在《旧约全书》中，梦往往可以预示未来发生的某些事。甚至在今天，还有人坚持认为自己所做的梦后来都应验了，他们相信自己在梦里具有超乎寻常的洞察力，相信梦不管怎样都具有预示作用。

以科学的眼光来看，这些观点纯属无稽之谈。从一开始着手研究有关梦的问题起，我就十分清楚，与身体各项功能均正常的、醒着的人相比，正在做梦的人更不容易预见未来。梦不可能比日常思维更理智、更有预见性，反倒是更混乱、更令人迷惑不解。不过，既然梦具有预示作用这一观念由来已久且影响深远，那么它一定有存在的理由，其中可能还蕴涵着某些真理。如果我们从正确的角度入手来研究这个观念，或许可以找到我们所需要的线索。

我们知道，一直以来，人们都认为梦能够帮助自己解决问题。由此可以断定，人做梦的目的可能就是要寻找未来的导向，寻找解决问题的办法。在梦具有预见性这一问题上，我们所做的研究还远远不够，我们还需要了解做梦者要找的是哪种答案，要了解他想在哪里找到这个答案。当然，假如你是对整体形势加以合理分析之后得出答案的，那么相比之下，梦所提供的任何答案都不够准确。不过有一点倒是可以肯定，那就是，一个人做梦是希望自己的问题能够在睡着的时候得到解决。

## 二、弗洛伊德的观点

弗洛伊德学派认为梦的意义是可以用科学的方法来解析的，但是在好几个问题上，弗洛伊德的解析已经将梦带离了科学的范畴。比如，他假定心灵在白天的活动与在夜间的活动有所不同，“意识”与“无意识”彼此对立，梦自身的规律与日常思维的规律截然相反，等等。但凡碰到像这样将两个概念截然对立起来的情形，我们一定要小心警惕，因为其中必然隐含着一种非科学的态度。古人和古代哲学家往往有一种思维定式，即把两个概念对立起来，将它们视为截然相反的对立面。这种对立思维或二元思维在神经症患者身上也表现得非常突出。在日常生活中，人们通常也会认为左和右是对立面，男人和女人、热和冷、轻和重、强和弱都是相互对立的概念。然而，以科学的观点来看，这些概念并非对立面，而是一种事物的不同变体，是一个标尺上不同的点，其位置是根据与某个虚拟目标的相近程度来定的。也就是说，好与坏、正常与异常都不是绝对的，不是彻底对立的。所以，任何一种理论，只要它把睡和醒对立起来，把梦中的想法和白天的想法对立起来，那么从本质上讲它就是不科学的。

弗洛伊德学派最早的观点中还存在一个问题，即把梦和性联系在了一起，在性本能这个大前提下来解析梦境。很显然，这一观点把梦和人们的日常努力及行动割裂了开来。倘若果真如此，那就意味着梦所表达的不再是人格整体，而只是人格的一部分。弗洛伊德学派的拥护者们也觉得只用性来解释梦是不充分的。于是弗洛伊德又提出，梦境还有可能隐含着一种想死的潜意识。这个观点从某种意义上来讲或许有一定的道理。就像我们前面所提到的那样，梦表达的是一种想轻轻松松解决问题的企图，这说明做梦者是缺乏勇气的。不过，弗洛伊德学说在这方面的术语隐喻性太强，对于探索梦如何体现整体人格没有多大帮助；而且，在这个观点中，梦里人生与现实人生似乎又被割裂开来了。尽管如此，我们还是从这一学说中得到了很多既有趣又有价值的提示，比如，梦本身并不重要，重要的是隐含于其中的思想。这个提示非常有价值，我们通过研究个体心理学也得出了一个与之类似的结论。

作为一门科学，心理学有一个首要前提，即一个人的人格具有连贯性，一个人的思想、言语和行为具有统一性。而弗洛伊德心理分析学的缺陷就在于忽视了这个首要前提。这一点我们只要看看弗洛伊德学派对释梦的关键问题——“做梦的目的是什么？我们究竟为什么做梦？”所做的解答就知道了。对于这个问题，心理分析学家回答说：“是为了满足一个人尚未实现的欲望。”但并不是一切事情都可以用这个观点来解释的。比如，倘若这个梦消失了，倘若做梦的人记不得这个梦了，或者倘若他对这个梦百思不得其解，那么又何来满足感呢？所有人都会做梦，但没有多少人能理解自己的梦，那我们又能从做梦中得到什么乐趣呢？或许有人会说，梦里人生与现实人生是分离的，是两回事。做梦的人会在梦里获得满足感，而这正是人们做梦的目的。可是，如果这样解释的话，我们就会忽视人格的连贯性；而且对于醒着的人来说，梦也就不再具有任何意义了。

从科学的角度来看，做梦的人和清醒的人既然是同一个人，那么做梦的目的就应该适用于这一连贯的整体人格，换句话说，一个人无论是在梦中还是在现实中，他的目标应该是一致的。比如，有这么一类人，他们的奋斗目标就是满足自己的欲望，而在梦中，他们所追求的仍然是这个目标。这类人就是被惯坏了的孩子。他们总是要问：“我怎样才能得到我想要的？生活会给我什么？”他们无论做什么都是为了寻求本能的快感，在梦中也不例外。如果仔细想想，我们会发现弗洛伊德学说所讲的其实都是这类人的心理。这类人认为绝不能压抑自己的本能，还认为别人的存在对自己不公平，他们总在问："为什么我要爱邻人？邻人是不是爱我呢？"

心理分析学是以被惯坏了的孩子为前提的，它极为详尽地讨论和描述了这类孩子的情况。但是，人类追求优越感的表现有千百万种，对快感的追求只不过是其中之一罢了，因此，我们并不认为它就是激发人格所有表现的核心动机。

## 三、个体心理学的观点

假如能找出做梦的目的，那我们就能顺藤摸瓜地解开人为什么会忘记梦或者不理解梦这个谜团了。二十五年前，当我开始研究梦的意义时，摆在我面前最为棘手的一个难题就是做梦的目的。我发现，梦里人生并不是现实人生的对立面，它和现实人生是相通的。假如白天我们在全力以赴地追求着优越感目标，那么晚上在梦里我们所关注的必定也是同一个问题。也就是说，当我们醒着的时候有什么目标，梦里就会潜藏着什么目标；于是，梦里的我们照样是在为获取优越感而努力奋斗着。因此我得出的结论是，梦一定是生活方式的产物，它和我们的生活方式相符。

### 1. 强化生活方式

人为什么要做梦？看看下面这个说法大家也许就会明白了。我们晚上会做梦，而早晨醒来后一般都会忘掉梦境，忘得一干二净，似乎没有留下一丝痕迹。但果真是这样吗？梦真的是消失得无影无踪了吗？当然，还是有东西留下来的——梦留给我们的是它所激起的某种感觉。梦中情景不复存在，对梦的理解也荡然无存；留下来的，只有那些萦绕于心的感觉。因此，做梦的目的一定在于梦所激起的感觉。换句话说，梦是激发感觉的手段和工具，做梦的目的就是为了要得到梦醒后留下来的那种感觉。

一个人的感觉通常和他的生活方式是相符的，因此，梦中的想法与醒时的想法应该没多大差异，二者之间也没什么严格界限。我们可以用一句话来描述梦与现实的关系，那就是，与醒着的时候相比，我们在梦中接触到的现实要少得多，但并没有完全脱离现实。比如，我们若是白天受到某些问题的困扰，那么晚上睡着的时候可能会继续受到这样的困扰。再比如，即使在熟睡的时候，我们也不会让自己随便就掉下床去，这一事实说明，熟睡中的我们依然和现实保持着联系。还有，不管外面多么吵闹，父母也能酣然入睡；但只要孩子稍有动静，他们便会立刻惊醒。可见，即便是睡着了，我们也和外面的世界保持着一定的联系；不过，此时我们的知觉还是会有所减弱，我们和现实世界的联系也会相应减少。做梦的时候，由于我们是独自一个人，所以来自社会的压力就没那么紧迫了，也不会有什么人强迫我们去真刀真枪地对付周围的环境。

只要我们没有紧张感，对自己的问题胸有成竹，睡眠便不会受到干扰。而我们要是做梦的话，睡眠肯定会受到干扰。由此可以推断出这样一个结论：假如我们没有办法解决某些问题，假如我们睡着的时候仍然能感受到来自现实的压力，能感受到需要我们去解决的那些问题，那么，我们自然就会做梦。

现在让我们来看看人在熟睡的时候心灵是如何解决问题的。既然在梦中我们不必面对全部的现实环境，那么摆在眼前的问题就容易多了，我们不费吹灰之力就能解决这些问题。做梦的目的就是为了支持并强化做梦者的生活方式，是为了激发出最符合这种生活方式的感觉。但这种生活方式为什么需要支持呢？什么东西会威胁到它呢？其实，人的生活方式在现实和常理的考验下很容易出现漏洞，因此，为了使生活方式远离现实和常理的强求，为了坚持自己的生活方式，人就会做梦。这是一个很有意思的观点。

假如一个人面临某个问题，而他并不想根据理性判断来解决问题，那他就可以用梦境所激发的感觉来坚定自己的态度。这看上去似乎与现实人生背道而驰，但实际上梦与现实之间并不存在什么对立。在现实中，我们完全可以用同样的方式激发出想要的各种感觉。假如一个人遇到了困难，而他并不想运用理性判断来解决困难，只想沿用既有的生活方式，那么他就会想尽一切办法来为自己的生活方式辩护，好让这种生活方式看上去合理可行、无可指摘。举个例子来说吧，有一个人的目标是轻轻松松赚大钱，他既不愿意艰苦奋斗，也不愿意为他人作贡献，那么他或许就会想到赌博。尽管他知道许多人因赌博而败光了钱、受尽了罪，但还是想靠这种不劳而获的手段迅速致富、过上舒适的生活。那他该怎么办呢？他会想象自己靠赌博赚了钱，然后买了辆车，过上了奢华的生活，让人人都知道自己是个有钱人。通过这一系列的想象，他激起了足以让自己行动起来的感觉。结果，他放弃了理性判断，开始去赌博了。

这类事情在日常生活中随处可见。比如，当我们正在工作的时候，倘若有人给我们讲述他看过的一部好戏，我们便会随着他的讲述展开想象，沉浸在整个故事中，就好像自己不是在干活而是正坐在剧院里看戏似的。再比如，倘若一个人在恋爱，他会构想自己的未来；倘若他爱得神魂颠倒，他会把未来构想得非常美好；倘若他情绪低落，他对未来的构想就会染上忧郁的色彩。然而不管怎样，他都是在激发自己的感觉。既然如此，那么通过观察他在自己身上激发出来的种种感觉，我们大致就能判断出他属于哪一类人。

假如梦醒后除了感觉什么都没留下，那么这对理性判断会有什么影响呢？事实上，做梦可以说是理性判断的天敌。大家可能经常会看到，有些人不愿意受感觉的支配，而是喜欢理智的、中规中矩的生活，这样的人一般不怎么做梦，或者根本就不做梦。还有一些人则不想通过正常而有效的途径来解决问题，也不想运用理性判断来寻找答案——顺便补充一句，理性判断乃是合作必不可少的一个要素，合作能力欠缺的人通常都不大喜欢运用理性判断来处理问题。这样的人会经常做梦，他们的目的就是要维持自己的生活方式，要给自己的生活方式找一个正当的理由，还要逃避现实的挑战。由此我们可以断定，梦是个人试图在自己的生活方式和现实问题之间架起的一座桥梁；在梦里，个人依旧可以继续原有的生活方式，不需要做任何调整。打个比方来说，生活方式既是梦的编剧，又是梦的制片和导演，它总能借助梦境来激起个人所需要的各种感觉。总之，我们的性格和行为有什么样的特质，我们的梦里就会出现什么样的特质。换句话说，无论是醒着还是在梦中，我们处理问题时用的都是同一种生活方式。而梦和现实的不同之处就在于，梦永远是在维护并支持我们的生活方式。

如果真是这样的话，那么我们在梦的解析方面就有了一个重大的新发现——做梦的时候，我们是在欺骗自己。任何一个梦都是一种自我陶醉，是一种自我催眠。做梦的唯一目的就是要创造出某种心态，有了这种心态，我们在应付某个问题时便会有充分的思想准备。换句话说，梦里所表现的人格与现实生活中的完全一样，而在做梦者的内心里，这一人格正在积极地打造着白天所需要的各种感觉。如果这个观点是正确的，那么我们一定能在梦境以及梦境所隐含的意义中发现自我欺骗的成分。

人们在梦中是怎样进行自我欺骗的呢？最主要的一点就是，梦中出现的场景和事件是做梦者有目的地选择出来的。我们之前也曾提到过类似的选择。当一个人回忆过去的时候，就好像是在用特定的画面和事件来编撰自选集，他的选择肯定具有倾向性——哪些画面和事件能支持他的优越感目标，他就会把这些画面和事件放进自己的记忆里。可以说，支配一个人记忆的其实正是这个人的优越感目标。同样的道理，哪些事件有助于强化做梦者的生活方式，哪些事件能够反映生活方式对做梦者提出的要求，做梦者就会选择这些事件入梦。因此，我们可以从一个人的梦境里看出他有什么样的生活方式，看出他是如何应对现实世界的。总而言之，在现实世界里，解决困难需要运用理性判断，而生活方式却拒绝这样做，于是，它便选择了在梦里继续我行我素，自欺欺人。

### 2. 象征和隐喻

梦的构成因素还有哪些呢？人们自古就已经发现，梦主要是由隐喻和象征构成的。在我们这个时代，弗洛伊德也特别强调过这一点。梦的这个特点用一位心理分析学家的话来说就是，“在梦里，我们都是诗人”。那么，梦的语言为什么是诗化语言和隐喻呢？答案很简单——倘若表达直白，不用隐喻和象征，那做梦者依然躲不开现实世界和理性判断。隐喻和象征有一个特点，那就是容易被误解。一个隐喻或象征可以蕴涵好几种不同的意义，可以同时表达两件事，而其中的一件甚至有可能是虚拟的，所以我们很容易从隐喻和象征中得出不合逻辑的错误结论。隐喻和象征还可以激发出各种感觉。在日常生活中，我们也经常会用到隐喻和象征。比如，当我们想纠正某人的时候，或许就会说：“别像个小孩子似的！”隐喻中总会掺杂一些不相干的事，总会带有某种情绪。比如，一个高大的人对一个瘦小的人很生气，他说：“他简直就是一条小毛虫，应该让人一脚踩扁。”这个隐喻明显流露出了说话者的愤怒情绪。

隐喻是一种奇妙的表达工具，不过，它也是一种自我欺骗的手段。在荷马的笔下，希腊军队如雄狮般驰骋在疆场上，这是一个多么壮观的景象啊！按理来说，在战场上摸爬滚打的战士通常都应该是一副可怜的、脏兮兮的样子。不过，诗人荷马又怎么可能如实地描摹这样的画面呢？他想表达的是战士的英勇无敌，所以就想让我们把战士看做彪悍的雄狮。我们十分清楚战士并非雄狮，但如果诗人只描述他们是如何气喘吁吁、汗流浃背的，是如何拼命鼓起勇气、如何躲避危险的，只描述他们破破烂烂的盔甲以及诸如此类的各种真实细节，那又怎么能给我们留下深刻印象呢？可见，运用隐喻是为了让人们感受到美，是为了激发人们的想象和幻想。但我坚持认为，假如一个人的生活方式是错误的，那他运用隐喻和象征就会很危险。

学生肯定是要参加考试的，他应该鼓足干劲、刻苦复习，应该用理性的态度来对待考试。但是，假如逃避是他的主要生活方式，那他可能会梦到自己正在战场上艰苦奋战。他这是在用隐喻的手法来描绘考试这件事。既然考试像一场恶战，那他便会觉得害怕考试是理所当然的。或许他还会梦到自己站在深渊边上，必须后退才不至于掉下去。做这样的梦是因为他需要在梦里激发出能让自己逃避现实的感觉，于是睡梦中的他便把考试设想成深渊，以此来欺骗自己。

还有一些学生在面临考试的时候同样也会做梦，也会用隐喻来暗示自己的处境，但他们在梦里的努力方向与此截然不同。他们的具体做法是将问题大事化小，只保留其中一个要素，然后再用隐喻的手法来表述这个要素，并把这个隐喻当做整个问题本身来对待。比如，有一个学生不仅勇气十足，而且高瞻远瞩，踌躇满志，他希望能顺利通过考试；不过，他依然需要鼓励，需要给自己打气——这是他的生活方式对他提出的要求。于是，临考前夜，他梦到自己在山顶上站着。这个画面经过了简化处理，只反映出了他目前处境的一小部分。对他而言，考试是个重大问题，但他排除了这个问题的许多方面，只将注意力集中在了成功的前景上，从而激发出了有助于自己成功的感觉。结果，第二天清晨起床后，他觉得心情更为愉悦，精力更为充沛，人也更有信心。这证明他已经成功地将自己必须要面对的困难最小化了。不过话又说回来，尽管他这样做使自己信心大增，但本质上还是在自欺欺人，因为他并不是通过实际的理性判断来处理整个问题的，他只不过是激发出了一种自信的心态而已。

这种刻意激发感觉的行为非常普遍。比如，一个人想从小河上跳过去，跳之前他可能会数到三。数数难道真那么重要吗？跳与数数之间是否有什么必然联系呢？二者之间其实没有任何联系。他之所以要数到三，是为了激起自己的感觉，从而让自己能够将全身的力量积聚起来。我们的心灵具备许多能力，可以帮助我们发展出一种生活方式，也可以加固并强化我们的生活方式，而其中最重要的能力之一就是激发感觉的能力。无论是白天还是夜里，我们都在激发自己的感觉，只不过这种行为可能在梦中来得更真切、更彻底。

为了说明人是怎样自欺欺人的，我来讲一个我本人的经历。战时，我在一个专治战斗疲劳症的医院任院长。看到那些士兵无法再面对战争，为了帮助他们，我尽可能地安排他们做一些轻松的事。这样做可以缓解他们的紧张感，而且此法确实屡试不爽。一天，有一个士兵来找我。他是我所见过的体格最棒的一个人，但情绪非常低落。我给他做检查时就在想该怎样帮他。我当然愿意让这些患病的士兵都能退伍回家，但是我的每一份诊断都得经过上司的审批，所以是心有余而力不足。这个士兵的状态非常糟糕，但最终我还是说：“你有战斗疲劳症，不过身体又壮又健康。我会安排一些比较轻松的事儿给你做，这样你就不必上前线了。”

发现自己回不了家，这个士兵绝望地说：“我是个穷学生，要靠教书养活年迈的父母。要是我不教书的话，他们就会饿死。要是我不管他们的话，他们就活不下去了。”

我希望能让他回家，找一份坐办公室的工作，但又怕这样下诊断书会惹上司生气，然后一怒之下将这个士兵送回前线。最后我决定实话实说，证明他只适于担任卫兵一职。那天晚上回家后，我做了一个可怕的梦。我梦到自己成了凶手，在漆黑狭窄的巷子里跑来跑去，拼命想着自己究竟杀了谁。我根本不记得谁是受害者，但一直觉得“我杀了人，所以我完了，我的人生完了，一切都完了”。

我醒来后第一个念头就是“我杀了谁”，接着就想到：“假如是由于我的原因，这个年轻的士兵没有得到一份办公室工作，他也许就会被派到前线去，也许会战死，那我岂不就成凶手了?”看，我就是这样激发感觉来欺骗自己的。我没有杀任何人，纵使我所预见的不幸果真发生了，我也是无辜的。但是，我是医生，我的生活方式不允许我眼睁睁地看着这样的不幸发生，我的职责是救死扶伤，而非危害生命。可转念一想，我又提醒自己，假如给他一份比较轻松的工作，我的上司也许会一气之下派他上前线，结果可能会更糟糕。于是我想，如果要帮他，我唯一能做的就是摒除生活方式的干扰，服从理性判断，按规矩办事。最后，我就给他开了诊断书，证明他适于担任卫兵一职。

后来所发生的事情证明了服从理性判断永远都是上上策。我的上司看了诊断书之后，在上面打了个叉。我想：“现在他就要派他去前线了，而我本来应当让他做文职工作的。”接着上司写下了批示——“六个月文职工作”。原来，上司受了贿，要对这个士兵从轻处理。这个年轻人从来没有教过书，对我没说一句实话。他说那些话的目的只是想让我在诊断书上派给他一个轻松的工作，进而好让已经受了贿的上司签署我的诊断书。从那以后，我就认为最好还是别再做梦了。

既然梦能蒙蔽我们，欺骗我们，那就说明我们对梦的了解还非常少。假如我们知道自己的梦隐含了什么意义，那这些梦便再也无法激起我们的感觉，再也骗不了我们了。我们应该服从自己的理性判断，不能听任梦的唆使。这样的话，我们就会了解梦，从而就不会被梦中的假象蒙蔽了。

梦是现实问题与生活方式之间的桥梁，但是，生活方式不应得到任何强化，它应该与现实直接而紧密地联系在一起。我们虽然可以将梦分门别类地归纳起来，但每一个梦都反映了做梦者独特的生活方式，都揭示了做梦者在面对某种现实处境时觉得自己的生活方式需要得到强化。可以说，梦是生活方式的产物，是一个人对自身处境的理解。因此，每一个人的梦都有其独特之处，我们不能用一套程式化的概念来解释每一个梦里的象征和隐喻。下面我将简要描述一下比较典型的几类梦。当然，这样做并不是要给大家灌输一套刻板的释梦方法，而是想让大家对梦以及梦的意义有一个基本的了解。

## 四、常见的梦

许多人都梦到过自己在飞。与其他的梦一样，这类梦的关键点也在于它所激发出来的感觉——梦醒后会留下一种轻松愉悦、自信满满的心境。这类梦一般会提升人的情绪，会将克服困难和追求优越感的过程描绘得既简单又轻松，会允许我们将自己想象成一个有勇气、有远见、有抱负的人，甚至是一个在梦中都有万丈豪情的人。这样的梦既隐含了问题——“我是继续呢，还是停下来?”也暗示了答案——“我的前进道路一片平坦，什么障碍都没有。”

值得注意的是，很少有人没做过自己往下坠落的梦。这说明，比起想方设法地克服困难，人类更关注的是如何自我保护以及如何防止失败。这一点并不难理解。不知大家是否记得大人们通常是怎样提醒小孩让他们小心点儿的？大人们总会呵斥小孩——“不要爬到椅子上去！别玩剪刀！离火远点儿！”就这样，孩子们的周围无形中多出了许多虚拟的危险。可是，把孩子培养得处处谨小慎微、缩手缩脚，这对他以后应付真正的危险一点儿好处都没有。

有些人经常会梦到自己瘫痪了，或是梦到自己误了火车。这类梦的含义通常是：“如果不用我动手这个问题就能解决，那我会很高兴。我得走个弯路，得晚点儿到，得错过火车，这样就不会面对这个问题了。”

许多人都会梦到考试。比如，有的人会梦到正在参加一个很久以前就已经通过了的考试，有的人则梦到自己虽然很老了但还在考试。对于某些人而言，这类梦的意义是：“你还没有准备好如何面对眼前的问题。”对于另外一些人而言，它意味着：“既然你以前顺利通过了考试，那么这回也能顺利通过考验。”可见，即便做的是同一类梦，对每个人而言，这个梦所表达的象征意义也是不一样的。因此，我们在研究梦的时候不应该着眼于梦的类型问题，而是应该重点考虑梦后的心境以及梦是如何与生活方式相配合的。

## 五、个案研究

曾经有一位三十二岁的神经症患者来我这里就诊。她是家里的老二，和大多数排行老二的孩子一样，她很有抱负，总想争第一，总想把所有的问题都妥善地解决好。刚来的时候，她已经濒临崩溃了。她爱上了一个比自己大的有妇之夫，这个人做生意失败了；她想和这个人结婚，但对方离不了婚。她梦到自己住在乡下，并且把房子租给了一个男人。这个男人搬进来不久就结了婚，但他交不起房租。而且，这个男人既不诚实，又不努力工作，所以她只好赶走了他。我们一眼就能看出，这个梦同她眼下的处境大有关系。她在考虑是否应该嫁给那个生意失败的男人。她爱那个人，但他没有钱，不能养活她。尤其过分的是，他带她出去吃饭，却付不起饭钱。这个梦的作用就是要激起她拒绝婚姻的感觉。她是一个企图心很强的人，不愿意和一个没钱的男人拴在一起，于是便用这样一个隐喻来问自己："如果房客租了我的房子却付不起房租，我该拿他怎么办？"答案是："得让他走人。"

然而，这个有妇之夫并非她的房客，两个人绝对不能混为一谈。换句话说，丈夫即便没有能力养家，也不能像对待交不起房租的房客那样对待他，不能让他没钱就走人。这件事让她左右为难。于是，为了解决这个问题，同时也为了更加坚定地遵循自己的生活方式，她在梦里激发出了一种感觉——"我一定不能嫁给他"。就这样，她没有运用理性判断来全面衡量整件事，而是在感觉的支持下有选择地抓住了问题的一个方面。当然，与此同时她也贬低了爱情和婚姻的价值，好像爱情和婚姻只跟金钱有关似的；在她的心目中，爱情和婚姻的全部意义似乎可以用一个隐喻来概括，那就是，"一个男人租了我的房子，假如他付不起房租，那就必须走人。"

个体心理学这种治疗手段的最终目的就是要增加个体面对人生难题时的勇气，因此，患者的梦境在整个治疗过程中肯定会发生变化，这表明患者的态度有所改变，表明患者可能变得更加有信心了。举个例子来说，一个抑郁症患者出院前做了这样一个梦：

"我孤零零一个人坐在长椅上，突然来了一场暴风雪，还好我躲开了，因为我飞快地跑回屋里去找丈夫了。接下来，我就在一份报纸的广告栏里帮丈夫找合适的工作。"患者本人很清楚这个梦意味着什么——她认为这个梦明确表达了她想和丈夫重修旧好的意愿。想当初，刚开始接受治疗的时候，她恨丈夫，埋怨丈夫没有能力、不上进、不能挣大钱。而现在，这个梦体现了她的新想法——"与其独自面对危险，不如和丈夫待在一起"。尽管我们赞同患者的决定，赞同她与丈夫重归于好，共同维护这桩婚姻，但对她处理这个问题的方式却不敢苟同。就像她的亲戚们一直担心的那样，她之所以想继续维持这桩婚姻，只是因为害怕自己一个人应付不来生活中的危险，可她实际上并没有做好勇敢而平等地和丈夫一起生活的准备。

一个十岁的男孩被带到了我的诊所，他的老师说他对同学既刻薄又狠毒。他在学校里偷东西，然后嫁祸于人，把偷来的东西放在别人的课桌里。通常情况下，只有当一个孩子觉得有必要去羞辱某个人时，只有当他觉得有必要证明刻薄狠毒的是那个人而非自己时，他才会做出这样的事来。我们猜测这个男孩的做法一定是在家里学到的，他一定是想陷害家里的某个人。这个十岁的男孩还闯过不少祸，比如在大街上朝一个孕妇扔石头。像他这么大的孩子应该已经懂得怀孕意味着什么了。他既然向孕妇扔过石头，那我们就能推测出他不喜欢怀孕这件事，我们还要看看是否有个弟弟或妹妹的降生令他很不开心。老师给他的评语是"害人精"。他滋扰其他孩子，辱骂他们，说他们坏话，还追打小女孩——这一点说明同他竞争的有可能是个妹妹。

我们得知他是两个孩子中的老大，有一个四岁的妹妹。他母亲说他很爱妹妹，对妹妹一向很好——这一点太离谱了，我们绝对不相信，这样一个男孩是绝对不可能喜欢妹妹的。后来我们的怀疑果然得到了证实。他母亲还声称自己与丈夫的婚姻非常美满。然而，父母婚姻美满对这个男孩来说并不是件好事。各种迹象表明，父母对他的过错没什么责任；造成这些过错的根源应该是他那邪恶的本性，是命运，或者是他的某位祖先。

在个案研究中，我们常常会看到这样的婚姻家庭模式：父母优秀，孩子可怕。这种情况教师、心理学家、律师以及法官可能也见得比较多一些。事实上，“理想的”婚姻有可能会给孩子造成许多困扰。比如，看到母亲那么爱父亲，孩子会非常气恼，因为他想独霸母亲的注意力，讨厌与别人分享母亲的爱。如果幸福的婚姻对孩子有害，而不幸的婚姻害处更大，那我们该怎么办呢？我们一定要让孩子从一开始就学会合作，不要让他只依恋父母中的某一方。本案例中的男孩是个被惯坏了的孩子，他想吸引母亲的注意，因此，只要觉得自己没有得到足够的关注，他就会故意去惹祸。

接下来，我们的推测很快就得到了证实。这位母亲自己从不惩罚孩子，她要等父亲回家，让父亲惩罚孩子。也许她觉得自己太软弱，觉得只有男人才能够发号施令，才有足够的力量去惩罚人；也许她希望孩子依恋她，害怕失去孩子的爱。不管是出于哪种原因，她这样做都是在引导孩子远离父亲、不与父亲合作，结果肯定会导致父子之间产生摩擦。我们听说这位父亲非常爱妻子和家庭，但由于儿子的缘故，他下班后不太愿意回家。他对儿子的惩罚非常严厉，经常打儿子。然而，我们又听说，这个男孩并不讨厌自己的父亲。这绝对不可能！这个男孩肯定没那么好心。别人之所以看不出他讨厌父亲，只不过是因为他已经学会了如何巧妙地掩饰自己的情绪。

他爱妹妹，但并不和她好好玩，而是经常打她耳光、踢她。他睡在餐厅的长沙发上，而妹妹在父母房间的小床上睡。假如我们能设身处地地站在这个男孩的立场上来想，假如我们能将心比心地同情这个男孩，那我们一定能够体会到父母房间的那张小床给他带来了多少烦恼。让我们来试着从这个男孩的角度去想，去感受，去看吧。他想得到母亲更多的关注，但晚上却是妹妹离母亲更近，所以他必须要想办法拉近母亲和自己的距离。他身体健康，出生时是顺产，吃母乳吃到七个月大。第一次用奶瓶时他吐了，此后一直到三岁才不再呕吐。这一点说明很可能他的肠胃功能不太好。现在他吃得好，营养好，但还是非常在意自己的胃，认为胃是一个薄弱环节。这样我们就更能理解他为什么要向孕妇扔石头了。他对食物非常挑剔；如果不喜欢面前的食物，母亲会给他钱，让他出去买自己喜欢吃的东西。然而，即便如此，他还是一直向邻居们抱怨，说父母不让他吃饱饭。这一招，为了获取优越感，必须要诋毁别人——他“屡试不爽”，已经练得十分纯熟了。

我们现在终于明白他刚来诊所时讲的那个梦是什么意思了。“我是一个西部牛仔，”他说，“他们把我送到了墨西哥，我不得不拼命地往回杀。有一个墨西哥人拦住了我，我就踢了他的肚子。”这个梦激发出来的感觉是，“周围全是敌人，我必须抗争，必须战斗。”在美国，牛仔通常被视为英雄，因此他认为追打小女孩和踢人腹部都属于英雄行为。我们知道，腹部在他的生活中扮演着非常重要的角色，他将之视为最容易受伤的部位。他本身胃就不好，而他父亲也常常唠叨自己有神经性胃病。这说明，在他家里，胃已经上升到了最重要、最需要注意的位置。由此可见，这个男孩的目的就是要攻击别人最脆弱的地方。

无论是在梦里还是在日常生活中，他所表现出来的生活方式都是一致的。因此我们完全可以说，他其实生活在梦中，如果不唤醒他，他会一直这样生活下去。他会打父亲、打妹妹、打小朋友（特别是小女孩），甚至还会打想帮他改掉这个毛病的医生。而他的梦会推动他继续走下去，去当英雄，去征服他人。除非他能认识到自己这是在自欺欺人，否则任何治疗都无济于事。

我们给他解释了那个梦的含义——他觉得自己生活在一个充满敌意的世界，只要有人想惩罚他、阻止他，那么这个人就是梦中的墨西哥人，就是他的敌人。他第二次来诊所时，我们问他：“咱们上次见面之后有什么事发生吗?”

“我是个坏孩子。”他回答。

“你干什么了?”

“我追打了一个小女孩。”

这不是单纯的承认错误，而是在炫耀、在进攻。这里是诊所，这里的人在想方设法地让他变好，而他却偏要认为自己是个坏孩子。他这样做就好像是在说：“别指望我能变好，小心我也会踢你肚子。”我们该拿他怎么办呢? 他依然生活在梦中，依然在扮英雄。他从自己的英雄行为中获得了满足感，我们必须想办法削弱这种满足感。

我们问他：“难道你相信英雄真的会追打一个小女孩吗? 这种英雄行为难道不是太差劲了吗? 如果真想当英雄，你就应该追打高大强壮的女孩，或者你根本就不该追打女孩，要打就打男孩。”这是一种治疗方法。我们的目的就是让他睁大双眼，让他醒悟，让他不要再固执地坚持自己的生活方式了。正如一句德国俗语所说的那样，我们要“吐在他的汤里”。这样一来，他就不会再喜欢自己的汤了。还有一个治疗方法，那就是让他鼓起勇气与人合作，让他以有益于社会的方式去追求成就感。其实，除了那些害怕自己会在社会上到处碰壁的人以外，没有谁愿意进行反社会的活动。

有一个二十四岁的单身女孩，从事的是文秘工作。她抱怨说老板的独断霸道令她难以忍受；此外，她还觉得自己很难交到朋友，无法长久维持友谊。经验告诉我们，一个人之所以留不住朋友，主要有这么两个原因：一是他想支配别人；另一个就是他只在乎自己，只想着表现自己、突出自己。或许这个女孩与老板属于同一类人，他们都想操纵别人。两个这样的人碰到一起，肯定会出问题。这个女孩是七个孩子中的老小，是家里的宠儿。她的爱称是“汤姆”，因为她老想当个男孩。这进一步证实了我们的看法——她的优越感目标就是支配他人；她认为具有男子气概的话就能成为主宰者，就能控制他人，而自己却不必受制于人。

她很漂亮，但她认为人们只是因为她有一张漂亮的脸蛋才喜欢她，所以她害怕自己变丑，害怕受伤。在我们的社会里，女孩要是漂亮的话，给人留下的印象就会更深刻，就会让更多的人拜倒在她的石榴裙下。这一点她完全明白，但她还是想当男孩，想以男性化的方式来掌控局面。因此她并不太在意自己的美貌。

她的最早记忆是自己被一个男人吓到了，而且她承认直到现在还是害怕遭到抢劫和袭击。一个想当男孩的女孩却害怕抢劫和袭击，这听上去似乎很怪异，但其实也不难理解——正是因为觉得自己弱小，所以她才想让自己具有男子气概，才想当男孩。她想牢牢地控制自己生活的环境，想随心所欲地发号施令；她想要排除一切异己，谁若是不顺她的意，她就排斥谁。比如，她的确控制不了强盗和袭击者，于是就想要把他们统统消灭掉。她想让自己变得男性化，以为这样就能轻轻松松地成功；假如失败了，她又会拿自己的女性身份作借口，会抱怨说这全都是因为自己是女的。显而易见，她对自己的女性身份非常不满意。这种对女性身份不满的现象非常普遍，我称之为“男性抗议”。“男性抗议”通常表现为各种各样的紧张情绪，比如，有的女性总在提醒自己：“我是一个正在与身为女人的种种不利因素抗争的男人。”

我们来看看在这个女孩的梦里是否也能找到紧张情绪。她经常梦到自己孤零零一个人待着。这个梦的含义是：“我应该受到照顾。让我一个人留下来很危险，有人可能会袭击我，可能会制伏我。”可见，她是个被惯坏了的孩子。她常做的另一个梦是丢钱包。这个梦的含义是：“小心！你眼看就要失去某样东西了。”她不想失去任何东西，尤其是不想失去控制他人的权利，所以她选择了人生中的一件小事——遗失钱包来代表全部人生。这个梦很好地说明了梦是如何通过激发感觉来强化生活方式的。她并没有丢失钱包，但却梦到丢了，那么梦醒后这种紧张感必然会保留下来。

她还做过一个比较长的梦，这个梦能够让我们更清晰地看出她的态度。“我到了一个游泳池，那里有很多人，”她说，“有人注意到了我站在那些人的头上。看到我站在他们头上，有人似乎尖叫了起来，而我眼看就要摔下来了。”假如我是雕塑家，就会这样来雕刻她：其他人组成一个基座，而她一个人高高地站在这些人的头顶上。这就是她的生活方式，就是她想要激发出来的感觉。不过，她意识到自己的处境很危险，并且觉得别人也应该看出她有危险。这说明，她认为人们都应该悉心照顾她，都应该捧着她，这样她就能够继续站在人家头上了。此外，她还觉得在水里游泳不安全。这说明她害怕失去高高在上的优越地位，害怕失去控制权。总而言之，这个梦完整地描绘出了她的人生态度。她的心理目标是“虽然身为女孩，但也要做男孩”。像大多数老小一样，她很有抱负，但她并不怎么理会现实环境，只想寻求那种高高在上的感觉，只想让自己“看上去”高高在上；与此同时，她始终怀有一种不安全感，她害怕失败，害怕失去优越地位。要想帮她扭转这种态度，我们必须想办法让她认同自己的女性身份，消除她的恐惧，让她不再高估男性，让她以平等友好的心态对待他人。

还有一个女孩，她十三岁时弟弟死于一场事故。她的最早记忆是：“弟弟还是个婴儿，正在学说话，他抓住一把椅子想站起来，但椅子倒了，压在了他身上。”下面还有一个例子，从中我们可以看出这个女孩对危险的印象非常深刻。她说："我最常做一个非常奇怪的梦。我总是走在一条街上，那里有一个我看不见的洞，走着走着，我就掉进了洞里。洞里全是水，我一碰到水就惊醒了，醒来后心跳得很厉害。"

她一直觉得这个梦非常可怕，而且神秘莫测，难以理解。我们当然不会像她那样觉得这个梦奇怪。其实，这个梦是在告诉她："留神！这个世界上存在着许多你一无所知的危险。"不过，梦中的寓意远不止这些。假如你已经在下面了，就不存在往下掉的问题。那么，假如她有掉下去的危险，那她一定是想着自己站在高处。这个梦所隐含的意义同上一个例子一样，就是"我高高在上，但始终要小心，千万别掉下去"。

我们再来看一个例子，看看最早记忆所表达的生活方式是不是与梦境所反映的生活方式一致。一个女孩告诉我们："记得我曾经非常热衷于看人家盖房子。"从中我们可以猜到她具有一定的合作精神。一个小女孩是不可能去盖房子的，但她喜欢看很多人在一起干活的场景，这表明她愿意和其他人在一起，愿意与人合作。"当时我还是个小娃娃，站在一扇高高的窗子旁边，那些玻璃窗我至今记忆犹新，就好像是昨天发生的事似的。"如果注意到了窗子很高，那么在她的心目中必定有一个高矮的比较。梦中的意思是"窗子大，我小"，这很可能是说她的个子比较矮。正因为如此，她才对大小高矮的对比那么感兴趣。此外，她还说自己记忆犹新，这只不过是在自夸罢了。

现在我们再回到她的梦上来。"有几个人和我坐在一辆车上。"瞧，正如我们所料，她乐于合作，喜欢和其他人在一起。"我们开着车，在一片树林前停了下来。所有人都下了车，跑进了林子里。他们大多数都比我高大。"在这里，她又一次注意到了身高的差别。"但我拼命地跟着他们跑，及时赶上了电梯。电梯下到了一个约十英尺深的矿井里。我们觉得一旦走出去，势必会被瓦斯毒死。”她这是在描述一种险境。面对危险的时候，人类其实并不勇敢，大多数人都会害怕。不过，她继续说：“我们还是走了出去，结果安然无恙。”在这里，她的乐观精神一目了然。假如一个人富有合作能力，那么他肯定也富有勇气，富有乐观精神。“我们在那里待了大约一分钟就上来了，然后飞快地跑回了车上。”我相信这个女孩始终是乐于合作的，不过也能看出她很在意自己的身高，觉得自己要是能长得再高大一些就好了。在此，我们仿佛看到了这样一幅画面：她踮起脚尖站着，好让自己显得更高一些。值得庆幸的是，她喜欢其他人，喜欢与人合作，这一点足以弥补她的身高缺憾。

# 第六课 家庭的影响

## 一、母亲的职责

从出生那一刻起，婴儿无论做什么，其目的都是为了要靠近母亲，为了要和母亲保持亲密的关系。在刚出生的那几个月里，婴儿生命中最重要的一个人无疑就是母亲了，因为他几乎事事都要依赖于母亲。也正是从这个时候起，婴儿的合作能力开始萌芽了。母亲是婴儿第一个接触到的人类，是除了自身之外他第一个关注的人。母亲也是引导婴儿走向社会的第一座桥梁。婴儿如果接触不到母亲或某个能替代母亲的人，那他肯定活不下来。

孩子与母亲的关系既密切又影响深远，这意味着在其以后的人生发展过程中，我们根本分辨不出来他有哪些性格特征是得自遗传的，哪些又是来自于母亲的影响。对于孩子遗传得来的那些性格倾向，母亲通常会一一加以调整、训练、教育和改造。孩子的潜能是否能够充分发挥出来，这就看母亲是不是有丰富的经验和娴熟的技巧了。所谓母亲的技巧，指的是母亲与孩子合作的能力以及母亲让孩子与她合作的能力。这种能力并不是靠死记硬背一些公式定义就能学到的，因为孩子每天都会有新情况出现，做母亲的必须因地制宜、随机应变地对付孩子的各种问题，必须洞察并理解孩子在各个方面的需求。母亲只有真正关心孩子，并且渴望赢得孩子的爱，渴望保护孩子的利益，她才能获得这些技巧。

母亲的一举一动都能体现出她对孩子的态度。在她抱起孩子、牵着孩子稚嫩的小手的时候；在她同孩子说话，给孩子洗澡、喂饭的时候，她都有机会和孩子建立亲密的关系。假如她在这方面不太擅长，或者对孩子不感兴趣，那么她照顾孩子的时候可能就笨手笨脚的，从而就会引起孩子的反感。比如，母亲若是没学会怎样给孩子洗澡，就有可能让孩子觉得洗澡是件不愉快的事情；于是，一到洗澡的时间，孩子就会拼命躲开母亲，不愿意靠近母亲。因此，母亲必须懂得如何熟练地把孩子放到床上，必须知道自己做出哪些举动、发出哪些声音才不会让孩子反感；她不但要善于照看孩子，还要善于让孩子独处；她必须考虑到影响孩子的一切因素，比如新鲜空气、房间温度、营养、作息时间、生理习惯和卫生，等等。总之，母亲在处理与孩子相关的任何一件事情时，如果技巧娴熟、应付自如，孩子就会喜欢她，就会同她合作；如果手忙脚乱、没什么经验，孩子就会讨厌她，就会拒绝合作。

要想成为合格的母亲，这并不需要什么特殊秘诀，只要有两样东西就行，那就是足够的兴趣和一定的训练。做母亲的准备一般从很小的时候就开始了。倘若哪个小女孩喜欢照顾比她小的孩子，倘若她对婴儿很感兴趣，倘若她对女性该做的那些事情也很感兴趣，那就表明这个小女孩已经开始在为将来做准备了。我们对男孩和女孩要区别对待，绝不能按照一个模子来培养他们。要想培养出技巧娴熟的母亲，我们必须教女孩从小就开始认识母性，使女孩对做母亲这件事怀有憧憬并视之为一项创造性的工作。这样，在女孩以后真正做了母亲的时候，她就不会对自己的职责感到失望或不满了。

不幸的是，西方文化对母亲的作用并不怎么重视。假如整个社会都倾向于重男轻女，假如男性在社会上的地位总要比女性优越，那么女孩自然不会喜欢她们将来的任务，因为没有人愿意屈居于从属地位。这样的女孩若是结了婚，她们会以各种方式来抗拒生养孩子。她们不愿意要孩子，也没这个打算；她们并不渴望做母亲，也不认为养育孩子是一项有趣的创造性活动。

这大概应该算是我们最大的一个社会问题，但却没有多少人正视它。人类社会的发展与女性对母亲角色所抱有的态度息息相关，但几乎在世界上任何一个角落，女性都被看做是次要的、附属的，她们在生活中的作用都被低估了。人们通常并不认为操持家务乃是女性的成就，而是将之视为女性该做的事情，视为女性的本分。甚至从幼年时期开始，男孩就把家务活视为仆人的工作，让他们动手帮忙就好像降低了他们身份似的。

假如女性能发自内心地把操持家务当做是一门艺术，能乐在其中，并能以此来照亮、丰富她们的生活，那她们便能使家务活成为一项可以与世界上任何其他工作相媲美的事业。反之，假如大家都认为男人干这件事不体面，那么某些女性便会对她们的女性职责产生抵触情绪，会抗拒这些职责，甚至从很小的时候就开始想方设法地证明她们与男性是平等的，社会应该尊重她们，应该给她们充分发挥潜能的机会。不过，一个人只有具备了社会感，他的潜能才会得到充分发挥。假如女性在成长过程中不受外界那些不利因素的约束和限制，社会感必然会引导她朝着正确的方向发展。

女性的职责一旦被轻视，婚姻生活便很难达到美满和谐的境界。将照顾孩子视为低等工作的女性绝不可能成为合格的母亲，也不可能全心全意地去关心、理解并同情孩子。可是，要想让孩子拥有一个美好的人生开端，母亲的技巧、关心、理解和同情又是必不可少的。不满意自身角色的女性，其人生目标一定会影响她和孩子之间的关系。她的人生目标与其他女性不同，她所关注的是要证明自身的价值，是要实现个人优越感；于是，在她看来，孩子只不过是一个令人劳神分心的累赘罢了。追溯那些失败者的人生，我们几乎总能发现，这些人之所以失败，有一个共同的原因就是他们的母亲没有尽到责任，没有给自己的孩子创造一个良好的人生开端。可见，假如母亲失职了，假如母亲不满意自己的职责，对孩子不上心，那么我们整个人类的命运就会岌岌可危。

然而，我们不能因为母亲没有尽到自己的责任就怪罪于她。母亲是无辜的，她之所以失职是有原因的：或许是因为从来就没有人教过她怎样与人合作；或许是因为她在婚姻生活中受到了压抑，以至于很不快乐；或许是因为周围环境让她感到了困扰和焦虑，甚至还会让她陷入难以自拔的无助和绝望之中。经营幸福生活的过程中肯定会遇到许多障碍。比如，倘若母亲病了，尽管她很想与孩子合作，但回家后已经是筋疲力尽，有心而无力了。再比如，倘若家里的经济比较困难，母亲便无法给孩子提供舒适的衣食住行。不过，话又说回来了，决定儿童行为的并非他的经历，而是他从经历中得出的结论。我们在调查问题儿童的背景时，经常会发现这些孩子和母亲之间一般都存在着不少问题。同样的问题在正常儿童身上也能看到，但他们处理得就比较得当。在此我们来回顾一下个体心理学的基本观点：性格的发展一般没有固定成因，而孩子会根据自己的经历来确定目标，他会从这些个人经历中总结出自己的人生观。比如，我们不能说没受过良好教育的孩子就一定会变成罪犯，我们要看的是他从没受过良好教育这个经历中得出了什么样的结论，因为正是这个结论决定了他是否会变成罪犯。

假如一位女性不愿意做母亲，那么这不但会给孩子造成许多困扰，而且还会让她本人面临很大的压力。但大家也知道母性的本能是多么的强大。各种研究表明，母亲保护孩子的本能要强于其他本能。比如，在老鼠和猿猴这样的动物身上，母性的本能要强于性或饥饿的本能；如果让这些动物在食物、性和孩子中只能选一样的话，孩子肯定是它们的首选。也就是说，母性的本能最后肯定会占上风。

母亲保护孩子的本能与性无关，倒是与母亲的优越感目标有很大关系。母亲通常都会把孩子视为自己的一部分。有了孩子以后，她才觉得自己终于拥有了完整的人生，与此同时，她还觉得自己拥有了决定生死的力量。任何一位母亲或多或少都会有这样一种感觉：孩子是她创造出来的，是她赋予了孩子生命。我们甚至可以毫不夸张地说，她一定觉得自己创造生命的过程和上帝创世记没什么两样。由此可见，对母性的渴望乃是人类追求优越感的一种体现，它表达了人类的一个愿望——想成为像神那样伟大的人。总之，母性的本能充分说明了一个道理，那就是，只要是以充沛的社会感为出发点，那么即便追求的优越感目标是成为神一样的人物，也能为整个人类以及周围的人带来好处。

当然，任何一位母亲都有可能过度强调孩子是自己的一部分这种想法，这样一来，她就有可能利用孩子来实现自己的优越感目标。比如，母亲可能会竭力让孩子完全依赖于她，她会控制孩子的全部生活，这样孩子便永远离不开她了。我们来举一个七十岁农妇的例子。这位农妇的儿子有五十岁了，仍然和母亲住在一起。有一次母子二人同时得了肺炎，母亲活了下来，儿子送到医院后就死了。当母亲听到儿子的死讯时，她说："我就知道没法把这孩子平平安安带大。"她觉得自己有义务对孩子的一生负责，从未想过要让他融入社会、成为独立的社会成员。由此可见，一位母亲如果不能拓宽孩子的活动范围，不能引导孩子与周围的人平等合作，她会造成多么严重的后果啊！

母亲本人与外界有千丝万缕的联系，所以她不应该死死抓住孩子不放，不应该过分关注自己和孩子之间的关系。这不仅是为孩子好，也是为母亲好。通常情况下，过分关注一个问题，其他问题便容易被忽视；而且，我们有时候处理不好一个问题，并不是因为对这个问题不上心，而恰恰是因为我们太在意这个问题了。和母亲有关系的不仅是孩子，也包括丈夫以及周围的整个社会。做母亲的应该对这三种关系一视同仁，应该冷静而合理地处理这三种关系。假如母亲只关注自己和孩子的关系，那她不可避免地就会娇惯孩子、溺爱孩子，从而使孩子难以发展出良好的独立精神与合作能力。在和孩子建立了亲密友好的合作关系之后，母亲的下一个任务应该是将孩子的注意力扩展到父亲身上。而假如母亲本人对孩子的父亲都没什么兴趣，那么这项任务几乎是不可能完成的。此外，母亲还必须把孩子的注意力向外拓展到整个社会环境，让孩子关注自己的兄弟姐妹、亲戚朋友以及其他人。可见，母亲担负着双重任务——她必须首先赢得孩子的信赖，然后再将孩子的这份信赖和友情扩展到整个人类社会。

假如母亲只想着将孩子吸引到自己身边，那么以后再想让孩子把注意力扩展到其他人身上就很难了——孩子会很讨厌这样做。这样的孩子总想寻求母亲的支持，对于任何一个有可能和他分享母亲关爱的人，他都怀有深深的敌意。只要母亲流露出对父亲或兄弟姐妹的关切来，哪怕是一丁点儿，他都会觉得自己的利益被剥夺了。他甚至会产生这样一个想法：“妈妈只属于我一个人，不属于其他任何人。”

对于这种现象，现代心理学家给出的解释大多都不怎么准确。就拿弗洛伊德理论中的俄狄浦斯情结来说吧，它讲的是男孩们天生都有一种倾向——爱母亲并想要她，恨父亲并想杀死他。如果我们能详细了解孩子的成长过程，那就绝对不可能得出这样的错误结论。并不是人人都有俄狄浦斯情结。有俄狄浦斯情结的孩子通常都会有一个明显的倾向，那就是：一心想成为母亲的心肝宝贝儿，想独占母亲的爱，并且根本不愿意理会其他任何人。这一倾向和性没什么关系，它只是一种想征服母亲的欲望，是一种想完全控制母亲、想让母亲对自己俯首听命的欲望。只有那些受母亲溺爱的、对其他人视同陌路的孩子，他们才会有这种欲望。还有一些男孩，他们始终只和母亲生活在一起，不怎么同其他人接触，几乎处于与世隔绝的状态。这样的男孩很有可能会把母亲当做自己恋爱和结婚的对象——这种态度意味着他们无法和母亲之外的其他人合作，意味着他们不相信这个世界上还有比母亲更顺从的女性。可见，俄狄浦斯情结并不是与生俱来的，它通常是教育不当造成的结果。因此我们没有理由凭空假设俄狄浦斯情结乃是源于一种天生的乱伦本能，换句话说，我们不能想当然地认为这种变态行为的根源就是性。

孩子若是老黏着母亲，那么一旦母亲不在身边，他肯定会很不自在。比如，当他在学校的时候，或者是在公园里同其他孩子一起玩耍的时候，他也总想着要和妈妈在一起。他极度痛恨与母亲分开，老想让母亲围着自己转，想要母亲只想着他一个人、只关心他一个人。而且，在这方面他有很多办法。有时候，他是母亲的心肝宝贝儿，总显得那么柔弱、那么深情、那么惹人怜爱；每当遇到不如意的事情，他就会哭泣或者病倒，以此来告诉大家他是多么需要照顾。有时候，他又会摆出一副截然相反的面孔——他可能会大发脾气，也可能会不听话或者与母亲发生争执，但他这样做的目的同样也是为了要得到母亲的关注。在问题儿童当中，被惯坏了的孩子形形色色，不过他们都有一个共同的目标，那就是，竭力想赢得母亲的关注，与此同时还要拼命抗拒外部环境对他们提出的种种要求。

如果认为纠正母亲所犯错误的最佳办法就是不让母亲照顾孩子，而是把孩子交给看护或者公共机构来照顾，那简直是太荒谬了。如果非得找一个人来代替母亲的话，我们就要找能够担负起母亲职责的人——她应该像母亲那样，能将孩子吸引到自己身边。只要稍作比较我们就会发现，训练亲生母亲做这些事要更容易一些。

在福利院长大的孩子一般都不大关心别人，因为他们身边缺少像母亲那样的人——只有这样的人才能为他们架起一座通向其他人的桥梁。有人曾经针对福利院里的不良儿童做过一个实验。他们找了一些看护或修女，让这些看护或修女一对一地照顾这些孩子；此外，他们还给一些孩子找到了领养家庭——这些家庭中的母亲会像照料自己的孩子那样照料这些孩子。实验结果证明，只要选对了养母，这些孩子一般都会有显著的进步。可见，养育这类孩子的最佳方式就是，为他们找一个可以代替父母、可以给他们提供家庭生活的人。如果非要把孩子从亲生父母身边带走的话，我们就必须要找一个有资格为人父母的人来照顾这个孩子。在现实社会中，许多问题儿童都是孤儿、私生子、弃儿或婚姻破裂家庭的孩子。这个事实告诉我们，要想让孩子健康成长，母亲的关注和爱护是一个必不可少的要素。

人人都知道继母不好当，因为前妻留下的孩子一般都会反抗继母。这个问题其实并不难解决，我就见到过不少做得非常成功的继母。不过，确实有许多女性完全不懂得如何正确应付这种状况。孩子在失去母亲以后会立刻转向父亲，并如愿以偿地从父亲那里得到了关注和宠爱。可是，有了继母之后，孩子会觉得父亲对他的爱被人抢走了，于是他就会攻击继母。继母若是不能顺着孩子的话，孩子便会更加委屈，会真正讨厌继母。继母若是向孩子宣战的话，孩子的反抗便会愈演愈烈。和孩子斗，大人永远是输家，因为无论受到多大的打击，孩子都是绝不认输、绝不妥协的。事实上，在这类斗争中，赢家往往是弱者——你若是想跟他要他不愿意给你的东西，用这种强硬的对抗手段是绝不可能从他那里得到这个东西的。假如大家都能认识到靠武力是无法赢得合作和爱的，那我们人类肯定会省却不少麻烦，人与人之间的关系就不会那么紧张，大家也就没必要去做那么多没用的事情了。

## 二、父亲的职责

在一个家庭中，父亲与母亲的地位同等重要。孩子刚出生的那段时间里，父亲和孩子的关系可能没那么密切；可是再往后，他对孩子的影响便会逐渐显现出来。假如母亲无法将孩子的注意力扩展到父亲身上，我们曾讲过这会给孩子造成很大的危害，比如，孩子可能很难发展出良好的社会感来。父母的婚姻要是不美满的话，往往会影响到孩子的健康成长。比如，在这样的家庭环境中，母亲可能会觉得无法拴住父亲，于是就想把孩子牢牢地拴在身边。再比如，父母双方在互相争来斗去的过程中有可能会把孩子当成了一颗棋子，两个人都想把孩子拉到自己身边，想让孩子爱自己胜过爱对方。

如果孩子察觉到了父母不和，他往往会在父母之间巧妙地挑拨离间。这样一来，父母双方便有可能展开竞争，看谁更能控制孩子，或者看谁更宠爱孩子。在这样的家庭氛围中，孩子一般很难发展出良好的合作能力。孩子在这个世界上第一次与人合作的经验就是与其父母的合作，而假如父母之间都不能好好相处的话，那么也别指望他们能教出善于合作的孩子来。此外，父母的婚姻对孩子还会产生另外一种影响，那就是，孩子对于婚姻和伴侣关系的最初印象是从父母的婚姻中得来的。如果父母的婚姻不美满，孩子在成长过程中一定会对婚姻形成悲观的看法；除非最初印象能被纠正过来，否则他很难改变自己的悲观态度。这样的孩子一直到长大成人之后都会觉得婚姻注定是要变质的，于是，他就会设法躲避异性，或者是相信自己很难和异性交往下去。由此可见，假如父母的婚姻不和谐，假如父母的婚姻不能和整个社会生活联系起来，假如父母的婚姻无法让孩子为将来的社会生活做好准备，那么孩子的成长必然会严重受阻。换句话说，婚姻应该是两个人为了谋求双方共同的幸福、为了谋求孩子的幸福、为了谋求全社会的幸福而结成的伙伴关系；这三个目标是婚姻的必要条件，少了其中任何一个，婚姻都不能算是幸福美满的。

既然婚姻是一种伙伴关系，那么伴侣双方就应该是平等的。这一点极为重要，我们必须予以更多的重视。在家庭生活中，我们没有必要树立任何权威。在一个家庭里，如果有一个成员地位比其他人高，或者是比其他人更重要，那就会给这个家庭带来不幸。比如，脾气暴躁的父亲若是竭力想主宰这个家，想让家里人都听他的，那么在父亲的影响下，儿子可能会形成错误的观念，以为男人就应该像父亲这样粗暴专制。女儿受到的伤害会更大——在以后的人生中，她会认为男人就是暴君的化身，会认为婚姻关系就是征服与被征服、奴役与被奴役的关系；有时候，她为了保护自己不受男人的伤害，甚至可能成为同性恋。

如果家里是母亲处于支配地位，并且经常唠唠叨叨地指责其他家庭成员，那么情况便会倒过来。女儿有可能会效仿母亲，从而养成刻薄而挑剔的个性；儿子则总是小心翼翼的，害怕别人批评他或者欺负他。甚至在某些家庭里，男孩面对的不仅仅是专横的母亲，还要面对姐妹和七大姑八大姨们的指手画脚。这样一来，他就容易形成内向型性格，不愿意融入社会生活；而且，他会以为所有女性都有这种唠叨挑剔的毛病，于是便会对女性敬而远之。没有人喜欢被人批评，但假如一个人整天关心的就是如何才能不让别人批评自己，那他和整个社会的交流必然会受到影响。对待任何一件事，他都会按照自己那套固定的思维模式——“我是征服者，还是被征服者?”——来进行判断。在他看来，人与人之间的所有关系都隐含着胜负较量，都是以输赢论的，友情这种东西根本就不存在。

父亲的职责可以用这几句话来概括：他用实际行动来证明自己是妻子、孩子和社会的好伙伴；他能正确处理人生的三大问题——工作、友情和爱；他能平等地与妻子合作，共同照顾并保护家庭。有一点做父亲的必须牢记在心，那就是，绝不能贬低女性在家庭生活中的作用。父亲的任务是和母亲同心协力支撑家庭，而不是处处打压母亲。尤其需要强调的是，即便父亲是家里的经济支柱，他也应该懂得与人分享，绝不能表现得好像自己总是在给家人施舍似的。在婚姻美满的家庭中，父亲挣钱养家只不过是家庭内部的一种劳动分工而已。当然，现实中还是有许多父亲会利用自己的经济地位来控制全家人。家里如果有这么一个高高在上的统治者，就会造成家庭成员之间的不平等——我们应该尽量避免这种情况的发生。

做父亲的应该清楚这样一个现实：我们的社会文化把男性的特权地位抬得太高了，结果，妻子在和他结婚以后，多多少少都有些担心，怕自己会落入被支配的地位。父亲还应该懂得这样一个道理：不能只因为妻子是女人，不会像他那样赚钱养家，地位就要比他低。无论妻子对家庭经济是否能助一臂之力，只要夫妻两个人的合作是友好而协调的，那么谁赚钱、谁管钱，这都不是什么问题。

父亲对孩子的影响非常大，所以许多孩子终其一生不是将父亲视为偶像，就是将其视为仇敌。任何一种惩罚，尤其是体罚，都会对孩子的心灵造成一定程度的伤害。因此，在教育孩子的时候，我们绝对不应该使用粗暴的、不友好的手段。然而很不幸的是，由父亲来负责惩罚孩子的情况屡见不鲜。之所以说它不幸，原因有很多。首先，它揭示了母亲的一种观念，即女性确实没有能力教育孩子，她是弱者，需要一双强有力的臂膀来支持她。假如母亲告诉孩子："等你爸爸回来再说。"那就等于是她在努力让孩子形成这样一种观念：男人是最终的权威，是生活中真正的支配者。其次，由父亲来惩罚孩子会破坏父子之间的关系，会让孩子害怕父亲，而不是把父亲当做好朋友。某些女性可能会有这样的担心——要是由自己负责惩罚孩子，孩子就会疏远她们，不喜欢她们。可是，她们不应该为了这个原因就把惩罚的任务推给父亲。何况这样做根本不能减少孩子对母亲的怨恨，因为孩子会认为母亲找了一个帮手来一起惩罚他。为了让孩子听话，许多女性甚至经常用"看我不告诉你爸"这句话来威胁孩子。大家不妨想想，久而久之，孩子会从这句话中得出什么样的结论呢？他会怎样看待男性在生活中的地位呢？

假如父亲能游刃有余地应对人生的三大问题，那他便会成为家庭中不可或缺的一分子，会成为一个好丈夫、一个好父亲。父亲必须平易近人，善于交友。假如他能交到朋友，那就表明他不会与世隔绝，也不会墨守成规，而且还表明他已经把自己的家庭带入了广阔的社会。这样一来，家庭便和外界有了交流，父亲也能以身作则地给孩子指明怎样才能发展出良好的社会感和合作能力。总之，为了孩子能健康成长，父母必须要让孩子明白一个事实，那就是，家庭是构成社会的一个基本单位，家庭之外也有值得信赖的人。

不过，假如夫妻双方各自拥有不同的朋友，那么这桩婚姻肯定会出问题。夫妻二人应该拥有一个共同的社交圈，不应该为了交朋友而彼此分开。当然，我并不是说他们要朝夕与共、寸步不离，只不过觉得他们之间不应该有什么隔阂。比如，丈夫要是不想把妻子介绍给自己的朋友，那么这就说明他们之间有隔阂，说明丈夫的生活重心已经游离于家庭之外了。

假如父亲能和他自己的父母以及兄弟姐妹相处融洽的话，这就证明他具有相当不错的合作能力。不过，结了婚的人应该搬出父母的家，应该独立组建自己的小家庭。当然，我的意思并不是让他讨厌自己的至亲，让他和亲人们断绝关系。如果两个人结婚以后仍旧依赖父母，那他们就会夸大父母家的重要性。比如，当他们提到“家”的时候，指的就是各自父母的家，而不是他们俩自己的家。如果夫妻二人仍旧把父母的家当做自己家的话，他们就不可能建立一个真正属于自己的家。这个问题能否得到妥善解决，就要看当事人（包括夫妻二人以及他们各自的父母）是否有足够的合作能力了。

有时候，丈夫的父母可能会妒忌儿媳妇，觉得是她夺走了自己的儿子；他们总想了解儿子生活中的点点滴滴，还经常给儿子的新家庭找麻烦。这样一来，儿媳妇当然就会觉得自己没有受到足够的尊重，会对公婆的干涉十分生气。假如丈夫是不顾父母反对结的婚，那么这种情况更容易发生。父母的反对可能是错误的，也可能是对的。不过，他们要是不满意儿子的选择，只能在儿子结婚之前提出反对意见；一旦儿子结了婚，他们就不应该再反对了，而是应该竭尽所能地为这桩婚姻的和谐美满创造条件。假如这样的家庭分歧在所难免，丈夫应该理解其中的症结所在，不必为此而感到左右为难；他不应该认同父母的反对，而是应该竭力证明自己的选择是对的。虽说夫妻没必要事事都顺着父母，但是，假如大家都能友好合作，假如妻子能感觉到丈夫的父母是在为她的利益着想，而不是只想着他们自己的利益，那么事情显然就好办多了。

几乎所有的人都认为父亲最主要的一个职责就是工作。做父亲的必须有一定的专业技能，必须有能力养活自己和家人。在这方面，妻子可能会助他一臂之力，孩子长大以后或许也能帮他，但在我们西方文化中，家庭的经济责任主要还是落在男性的肩上。担负起家庭的经济重任意味着父亲必须工作，必须有勇气，意味着他必须了解自己的职业，清楚其中的利弊，也意味着他在工作中必须能与人合作、受人尊重。不仅如此，父亲对工作的态度还会成为孩子的榜样，会影响到孩子对工作的看法。因此，父亲在工作问题上必须慎重考虑，必须多想想自己做些什么才能对全人类有益。父亲所做的工作究竟“有益”与否，他本人说了不算，而是要看这个工作本身是不是确实对人类“有益”。所以我们不必在意父亲是怎么说的，而是应该注意他是怎么做的。假如他喜欢显摆，喜欢自夸，这还真不是什么好习惯；但假如与此同时他所做的工作确确实实对大众利益有所贡献，那他再怎么自吹自擂也无伤大雅。

现在我们来谈谈如何解决爱的问题——包括婚姻问题以及如何营造对社会有益的幸福家庭。首先，做丈夫的要爱自己的妻子。一个人是否爱另一个人，这很容易看出来。假如丈夫爱妻子，他就会爱屋及乌，会对妻子所关心的东西感兴趣，会将妻子的幸福当做自己的责任和奋斗目标。为了保证婚姻生活的和谐美满，丈夫不仅要爱妻子，还要成为妻子的好伙伴，还要乐于取悦妻子。只有当夫妻双方都认为他们的共同幸福高于个人幸福时，只有当他们爱对方甚于爱自己时，他们之间才会开始真正的合作。

丈夫不应该当着孩子的面太过露骨地表达对妻子的爱。当然，我们不能把夫妻之间的爱和父母对孩子的爱相提并论，这两种爱根本不是一回事儿，它们并不会彼此削弱。但是，假如父母之间的感情过于外露，孩子便会觉得自己的地位受到了威胁，他们会嫉妒，还会给父母找麻烦。

在教育孩子的时候，父母应该慎重对待两性问题。通常情况下，儿子的性知识都是由父亲传授的，女儿在这方面则由母亲来教导。当父母给孩子讲解这类事情的时候，一定要注意不能主动提供过多的信息，只能告诉孩子一些他们想知道的并且在现阶段能理解的东西。我很清楚，现在社会上有一种普遍倾向，即给孩子灌输许多他们尚不能完全理解的性知识；这样做不但会刺激孩子产生一些少儿不宜的兴趣和感觉，甚至还会使孩子在性问题上形成满不在乎或玩世不恭的态度。过去我们通常是对孩子连哄带骗，尽量不让他们知道与性有关的事情。和这种传统做法相比，现在的做法也不见得有多高明。最好的办法应该是这样的：我们要了解孩子想知道些什么，要回答他们正在思考的问题，绝对不要把我们认为是常识的东西全都强加给他们。此外，我们必须让孩子信赖我们，让孩子感觉到我们在与他们合作并且很想帮他们找到解决问题的办法。假如能做到这一点，我们在性教育这个问题上就不会出什么大错了。

在一个家庭里，大家最好不要过分强调金钱的重要性，也不要在钱的问题上发生争执。不挣钱的女性在钱的问题上比丈夫敏感得多，倘若指责她们浪费，她们就会觉得自尊心受到了伤害。金钱方面的事情应该以合作的方式来解决，应该奉行量入为出的原则。妻子或孩子不应该对父亲施加压力，让他支付一些超出负担能力的花销。从一开始，夫妻双方就应该在开支问题上达成一致，这样就不会有人觉得自己是处于从属地位的，也不会有人觉得对方没有善待自己。

做父亲的不应该认为只有用金钱才能为孩子的未来提供保障。我曾经看过一本很有意思的小册子，是个美国人写的，讲的是一个出身贫寒的富人如何想保护自己的子孙后代，让他们永远过着富裕的生活。这个富人找到了律师，向他请教怎样才能达成自己的愿望。律师问他多少代子孙的富足才能令他满意。富人回答说十代。

“当然，以你的财力绝对能做到这一点。”律师说，“可是你有没有想过，到了第十代，其中每一个成员都会有不下五百个像你这样的祖先？有五百个家庭都会宣称他是他们的子孙？这样的话，你觉得他还算得上是你的子孙后代吗？”从这个例子中可以看出，无论我们为自己的子孙做什么，都是在为全社会服务。所以说，任何一个人都会和其他人产生联系，这是不可避免的。

在一个家庭里，绝对不应该树立权威，但必须要有真正的合作。在教育孩子的问题上，父母应该共同协商、达成一致。最重要的一点是，无论是父亲还是母亲，都不应该偏心，不应该对某一个孩子表现出特别的关注。父母要是偏心的话可能会造成很严重的后果，这绝非夸大其词。比如，父母要是重男轻女的话，女孩几乎不可避免地会产生自卑情结。我们甚至可以毫不夸张地说，孩子小时候所经历的每一个挫折、每一次失望几乎都是由他的一种感觉引起的，这种感觉就是他觉得别的孩子得到的爱比他多。虽然这种感觉有时候根本毫无来由，但是，假如父母真的能做到对孩子一视同仁，那么孩子也就根本没机会产生这种感觉了。总之，孩子非常敏感，他一旦怀疑别人受到了偏爱，那么即便他本来是个好孩子，也有可能从此走上完全错误的人生道路。

有时候，家里会有一个孩子比他的兄弟姐妹更优秀或者更可爱，在这种情况下父母难免要对他偏爱一些。做父母的应该有足够的经验和技巧来避免这类事情的发生，否则比较优秀的孩子便有可能给其他孩子的成长蒙上阴影，他会令他们灰心丧气，会让他们怀疑自己的能力，会引起他们的嫉妒，还会削弱他们的合作能力。父母光嘴上说自己从不偏心是不够的，他们应该时刻留意孩子的思想情绪，别让孩子心中产生这样的怀疑。

## 三、关注与忽视

孩子一般都很擅长吸引别人的注意，他们在这方面有各种各样的手段。比如，当娇生惯养的孩子独自一个人待在黑暗中的时候，他往往会表现得非常害怕。其实，这个孩子并不是真的害怕黑暗本身，他只是想通过自己的害怕情绪把母亲拉到自己身边。有这么一个娇生惯养的孩子，晚上熄灯以后他总爱哭。一天晚上，他母亲听到哭声就进来问他："你害怕什么呢？"他回答说："太黑了。"但母亲已经看穿了他的心思，她说："难道我进来以后就没那么黑了吗？"事实上，对这个孩子来说，黑暗本身其实并不可怕，可怕的是母亲不在身边。也就是说，他之所以怕黑只是因为他不想和母亲分开。为了让母亲陪在自己身边，他会使出浑身解数，用尽各种手段。比如，他可能会又哭又闹，可能会翻来覆去睡不着，还有可能使出其他一些令人讨厌的手段来。

害怕是教育学家和心理学家一直都非常重视的一种情绪。不过我们个体心理学的研究重点不再是寻找害怕的原因，而是要确认害怕的目的。所有娇生惯养的孩子都会害怕，因为害怕是他们用来吸引别人注意自己的一种手段。这些孩子会让害怕成为自己的一种生活方式，会利用害怕来达到接近母亲的目的。一般而言，胆小的孩子大都是娇生惯养的孩子，是一直想让人宠着的孩子。

娇生惯养的孩子有时候会做噩梦，会在睡着的时候哭闹。这是一个非常普遍的症状，但要是认为睡和醒是两种彼此对立的状态，那就不好解释这个症状了。当然，睡和醒并不是对立的，它们其实是同一事物的不同变体。孩子在梦中的行为方式和醒着的时候大致差不多。他的目标是让形势变得对自己有利，这一目标深深地影响着他的整个肉体和心灵；而且，只要经过一定的练习，有了一定的经验，他准会找到实现这个目标的最佳方式。甚至当他睡着的时候，与这个目标相一致的思想、画面和记忆也会进入他的心灵。有过几次经验之后，娇生惯养的孩子就会知道哪些念头容易让自己做噩梦，从而就会利用噩梦把母亲唤到自己身边来。做噩梦是他吸引别人注意的一个策略，这个策略屡试不爽，最后就会成为他的一个固定习惯。结果，即使在长大成人之后，他仍然会经常做这种焦虑不安的噩梦。

孩子一般都会利用这种害怕情绪来达到自己的目的，假如有哪个孩子晚上从来不惹麻烦，那才真是奇怪呢。到了晚上，孩子会使出各种各样的花招来吸引父母的注意。有的孩子会说睡衣不舒服，或是吵着要水喝；有的会说害怕强盗或怪物；有的则很难入睡，除非父母待在他床边；有的会做梦；有的会从床上掉下来；有的还尿床。我曾经治疗过一个备受父母宠爱的女孩。她晚上似乎从不惹麻烦——她母亲说她睡觉很香，不做梦，中间也不醒，一点儿都不给人添麻烦。可是一到白天她就开始找麻烦了。我觉得这非常奇怪，于是就给她母亲讲解了孩子用来接近母亲的所有花招。可是母亲说女儿从来没有做过这样的事。最后，我终于想到了原因。

“她睡在哪儿?”我问她的母亲。

“在我床上。”母亲回答。

生病是娇生惯养的孩子最常用的一个花招，因为生病时他会得到比平时更多的关爱。这样的孩子在大病初愈的时候往往会暴露出一些问题儿童的倾向。他之所以变成这样，乍看上去似乎都是疾病惹的祸，然而，真正的原因其实是这样的：病愈之后，他仍然记得自己生病时受到的特殊照顾，而现在母亲不能再像当时那样宠着他了，于是他就让自己变成了问题儿童，希望用这种方式来报复母亲，让母亲难过。此外，当孩子注意到别的孩子因为生病而成为关注的焦点时，他可能会盼望自己最好也生个什么病，甚至还会亲吻那个病孩子，想传染上人家的病。

有个女孩在医院住了四年，医生和护士都非常宠她。出院后，刚开始父母也很疼她，但过了几个星期，父母对她的宠爱就淡了下来。于是，只要得不到自己想要的东西，她就会吮着手指头说："我是住过院的。"她不断地提醒大家她生过病，竭力想营造出一种对自己有利的环境，想让大家都关注她。在许多成年人身上我们也会发现这种倾向，比如，有些成年人常常喜欢提起自己曾经得过的病或动过的手术。还有一种相反的情况，那就是，有些孩子曾经令父母大伤脑筋，可是生了一场病以后他们就像变了个人似的，再也不给父母添麻烦了。我们已经讲过，身体缺陷对孩子来说是一个额外的负担；不过我们也讲过，身体缺陷与不良品质之间并没有什么必然的联系。因此，我们认为这些孩子的改过自新和他们的病愈没多大关系。

有这样一个男孩，他是家里的次子，经常惹是生非，有不少坏毛病，比如撒谎、偷东西、逃学、粗暴无礼、桀骜不驯，等等。老师拿他没办法，坚决主张把他送进少管所。正在这时，男孩病倒了。他臀部得了结核，不得不绑了长达半年的石膏板。病愈之后，他突然就变成家里最乖的孩子了。我们当然不相信是疾病令他发生这种变化的。事情很快就明朗了——他之所以改过自新，是因为他认识到自己以前的想法和行为都是错误的。他以前一直以为父母偏爱哥哥，所以总觉得自己是受排斥的。可是在生病期间，他发现自己成了大家关注的中心，人人都照顾他、帮助他，于是他便明智地抛开了以前的想法，再也没有被忽视的感觉了。

## 四、兄弟姐妹间的平等

现在我们来讨论一下家庭内部另外一种同样重要的合作——孩子之间的合作。如果连兄弟姐妹都觉得彼此是不平等的，那么人类就很难发展出坚实的社会感了。如果男孩和女孩觉得彼此是不平等的，那么两性之间的关系肯定会问题不断。许多人会问："为什么同一个家里长大的孩子差别这么大?"有些科学家解释说之所以会有这样的差别原因是孩子们的基因结构不同，但我们认为这是一种迷信的说法。我们来打个比方吧。孩子的成长过程类似于树苗的生长。有一些树虽然种在了一起，但其中每棵树的长势都和别的树不一样。假如有一棵树苗由于从阳光和土壤中吸收了更多的营养而长得比较快，那么它的生长便会逐渐影响到其他树苗的生长，它会遮蔽其他树苗的阳光，它的根四处伸展，会吸走其他树苗的营养，导致它们营养不良、发育不全。同样道理，在一个家庭里，如果有一个孩子过于突出的话，也会妨碍到其他孩子的成长。

我们知道，不管是父亲还是母亲，都不应该在家中占据统治地位。假如父亲非常成功或者才华横溢，孩子往往会觉得父亲太能干了，自己无论怎么努力都赶不上父亲，于是他们就会失去斗志，会觉得人生没什么意思。这就是为什么名人的子女常常会令父母和社会大失所望的原因——他们想获得父母那样的成就，但却看不到任何可以实现这个目标的希望。因此，即便在事业上很成功，父母也绝对不应该在家里强调自己的成功，否则孩子的成长会受到影响。

兄弟姐妹之间也会出现这样的问题。假如有一个孩子发展得特别好，那么他便有可能成为父母最关心、最疼爱的孩子。父母的偏爱肯定会让他感到非常惬意，但他的兄弟姐妹就不一样了，他们往往会感觉到父母的偏心，会憎恨这种差别对待。任何一个人都不可能毫无怨言地屈居人下。因此，一个孩子太杰出可能会伤害到家里的其他孩子；我们甚至可以毫不夸张地说，正是由于这个孩子的存在，其他孩子在成长过程中便失去了应有的精神激励。当然，这些孩子并不会从此停止对卓越的追求，因为追求卓越是人类永不停息的欲望；不过，他们的追求很可能会转到其他不切实际的或者没什么社会价值的方向上去。

## 五、家庭格局

孩子在家中的排行究竟会对孩子的成长造成什么样的影响？个体心理学在这个问题上做了大量的深入研究，并且取得了不少研究成果。为了能简洁而清晰地讨论这个问题，我们先要假设一个前提，那就是，父母之间关系和谐，而且他们都在全心全意、尽职尽责地养育着孩子。可是即便如此，排行还是会产生很大的影响，每个孩子的成长状况会因排行不同而迥异于别的孩子。在此我们必须重申一点：同一个家庭中成长起来的两个孩子，他们的处境绝对不一样；于是，为了适应各自不同的处境，他们都努力地调整着自己，最终就会形成各自不同的生活方式。

### 1. 老大

每一个老大都经历过一段当独生子的好时光，可是在第二个孩子出生以后，他的地位突然之间就变了，他不得不强迫自己去适应新的处境。老大刚开始一般都会得到父母全心全意的照顾和宠爱，所以他已经习惯了家人都围着他转。可是，转眼之间他忽然发现自己被逐出了这个位子——又有一个孩子出生了，于是他不再是独一无二的了，有一个对手要和他一起分享父母的关爱。这一变化往往会产生很大的影响，有不少问题儿童、神经症患者、罪犯、酒鬼和性变态，他们的问题就是在这种情况下开始滋生的。这些人都是家里的老大，弟弟或妹妹的出生给他们造成了非常大的触动，并使他们产生了深刻的被剥夺感，而他们后来的整个生活方式就是建立在这种被剥夺感的基础上的。

后来出生的孩子可能也会遇到这样的情况，也会失去他们原有的地位，但他们的感受就没老大那么强烈了，因为他们已经有过和其他孩子合作的经历，并且他们从来没有独享过父母的关心和照顾。而对老大来说，这简直就是一场翻天覆地的变化。假如父母确实是因为忙着照顾刚出生的孩子而忽视了他，那就别指望他会心平气和地接受这个事实。不过话又说回来，要是他因此而心怀不满，那也不能怪他，要怪就怪父母没尽到责任。如果父母能使他对他们的爱深信不疑，能使他相信自己的地位是不可动摇的，更重要的是，如果父母能使他对新生儿的降临有充分的心理准备，并且还让他学着帮忙照顾婴儿，那么他便会安然度过这场危机。然而，老大在这件事上一般都没有做好充分准备，而且新生儿的确是从他那里夺走了父母的照顾、爱和赞赏。于是，他开始竭力要把母亲拉回自己身边，并想方设法地要得到母亲的关注。比如，大家可能时常会看到这样的情形：一位母亲夹在两个孩子中间，每个孩子都争着抢着要靠近母亲，都想要得到母亲更多的关注。

和其他孩子相比，老大更会使用武力，也能想出更多的新花招。我们完全能够想象得到他在这种情况下会做些什么。想象一下，换了是你和我，当我们处于他的地位、追求着他的目标时，我们会怎么做呢？我们怎么做，他肯定也会这样做。我们可能会令母亲担忧，会反抗她，会做一些令她侧目的事情，而他毫无疑问也是这样做的。可事与愿违，母亲被他折腾得烦不胜烦，最终会对他彻底失去耐心。也就是说，他挖空心思、不顾一切地打了一场自掘坟墓的仗。当母亲真正厌倦了他惹的麻烦时，他终于开始尝到了不再被爱的滋味。他本来是想赢得母亲的爱，结果却失去了这份爱；他本来只是有一种被冷落的感觉，但现在他的所作所为却使他真的被冷落了。这种境遇让他更加确信自己当初的感觉是对的，于是他理直气壮地说："我就知道会是这样。"他认为别人都错了，只有他自己是对的。他就好像是掉进了陷阱，越挣扎，处境越糟。假如他对自身处境的看法在现实中都得到了印证，假如他一直都认为自己是正确的，那么他又怎能轻易放弃这种抗争呢？

孩子的抗争过程一般因人而异，各有不同。假如母亲予以回击的话，孩子就会变得脾气暴躁，难以控制，挑三拣四或者不听话。当他和母亲作对的时候，父亲往往就会成为他的避风港，会让他重新获得像以前那样的宠爱。于是，他会越来越喜欢父亲、越来越靠近父亲，并且竭力想赢得父亲的关注和宠爱。因此，老大一般更喜欢父亲，更偏向于父亲。当孩子开始偏向于父亲的时候，我们便可断定他已经步入了成长的第二阶段。在成长的第一阶段，孩子一般依恋的是母亲；但在第二阶段，他就没那么依恋母亲了，而是将感情转向了父亲，目的就是为了谴责母亲对自己的忽视。假如哪个孩子爱父亲甚于爱母亲，那就表明他以前曾经遭受过被母亲忽视的挫折。他觉得自己被母亲拒绝了、排斥了，对此他一直耿耿于怀，结果，这种被拒绝的感觉便奠定了他整个生活方式的基调。

这种抗争通常会持续很久，有时甚至会贯穿孩子的一生。孩子既然学会了斗争和反抗，那么除了和父母作对之外，在其他任何情况下他都会保持着一种反抗的姿态。再加上要是没什么人能够引起他的兴趣，他必然会失去信心，以为自己再也无法赢得任何人的好感，甚至还会变得乖张固执、难以相处。这样的孩子其实是在朝着与世隔绝的方向发展，他的一切行动和表现都为了要找回那已然消逝了的往昔时光——那时候，他被大家众星捧月般地呵护着，宠爱着。

正是由于这个原因，老大一般都会对过去比较感兴趣。这种兴趣会以各种各样的形式表现出来，比如，有的老大喜欢回忆过去，谈论过去；有的则极力推崇过去的东西，对未来却抱着悲观态度。有时候，孩子若是曾经失去过自己的权力，失去过自己所统治的小小王国，那么他会比别人更懂得权力和权威的重要性。这样的孩子长大以后往往比较喜欢行使权力，并且会夸大规则和纪律的重要性。在他看来，每件事都应该“钉是钉铆是铆”地按规矩办，规矩是绝对不可以变动的。他还认为，所有的人都应该各司其职，各尽本分，只有那些被赋予了权力的人才能掌握权力。由此可见，一个人要是在幼年时期受到过这样的影响，他会很容易形成强烈的保守主义倾向。如果让这种人得到一个好位置，他就会一直疑心有人要后来居上，要赶走他，取代他。

老大的处境比较特殊，容易引发一些问题，但若能善加利用，这种处境也可以转化为有利因素。比如，当第二个孩子出生的时候，老大如果已经学会了怎样与人合作，那他便不会因此而受到伤害。有些这样的老大甚至会产生保护他人和帮助他人的愿望，他们会模仿父亲或母亲，会像父母那样照顾并教导弟弟妹妹，而且还会觉得自己对弟弟妹妹的幸福负有责任。这样下去的话，他们很有可能会发展出优秀的组织才能。对于老大来说，这些都是不错的发展方向。不过有一点需要注意，那就是，保护他人的意愿有可能会膨胀承想控制他人或想让他人处处依赖自己的欲望。

以我在欧洲和美国的研究经验来看，在问题儿童当中，老大占的比例最大，其次是最小的孩子。极端的地位会引发极端的问题，这是一个非常值得重视的现象。然而，对于如何解决老大的发展问题，我们的教育界至今尚未想出有效的办法。

### 2. 老二

老二的处境非常特别，和其他孩子没什么可比性。从出生之日起，他就要和另一个孩子分享父母的关爱，因此他比老大更容易与人合作，人缘也更好。倘若老大不打击他、不压制他，他的处境会相当不错。然而，老二的人生有一个最显著的特点，那就是，在整个童年时代，自始至终都有一个领先于他的竞争者。不管是在年龄上，还是在成长发育上，这个竞争者都比他早，比他快，比他强。这种处境不断激励着老二，使他拼命想赶上那个遥遥领先的竞争者。典型的老二一般很容易认出来——他的表现就像是在赛跑，像是在加快步伐赶超前面那个比他快一两步的人。总之，当老二的始终都在开足马力全速前进，始终都在为超过并征服老大而努力奋斗着。

不可思议的是，《圣经》中隐含了许多心理学见解，比如，雅各（Jacob）的故事就精彩地刻画了一个典型的老二形象。雅各想当第一，想取代哥哥以扫（Esau），想打败他，超越他。老二一般是不甘心屈居人后的，所以他会奋力去赶超他人，而且往往也能取得成功。一般来说，老二会比老大更有才华，更成功。当然这和遗传没什么关系。老二之所以发展得比较快，那是因为他付出了更多的努力。即使在长大以后离开了家庭这个圈子，他通常也会找一个比他优秀的人作竞争对手，他会把这个人和自己放在一起仔细比较，然后再竭尽全力地追赶对方。

当一个人醒着的时候，我们可以从他的各种表现中看出他的性格特征；而当他睡着的时候，我们同样也能从他的梦境中看出这些性格特征来。比如，老大经常会做从高处掉下来的梦。这说明他们一直都高高在上，但是无法确定自己是否能够保住这个优越地位。再比如，老二经常会梦到自己在赛跑，在追火车，或者是在参加自行车比赛。这些匆忙赶路的梦含义非常明显，我们很容易就能猜到做梦的人是那个拼命追赶别人的老二。

不过我们必须承认，凡事都有例外。言行举止像老大的人并不一定就是家里的老大，因为起决定作用的是处境，而非排行。在一个大家庭里，年龄较小的孩子有时候也会面临和老大一样的处境。比如，要是这家的长子和次子挨得比较近，此后隔了很长一段时间才有第三个孩子，紧接着又生了两个，那么老三很可能就会表现出老大的全部特征。老二的情况也是这样的——老四和老五中就有可能出现一个典型的“老二”。总之，如果两个孩子年龄相近，而他们和其他孩子之间的年龄差距又很大，那么这两个孩子便会分别表现出老大和老二的性格特征。

假如老大在竞争中落败，他的发展可能就会出问题。假如他能够保住自己的地位，能压得住弟弟妹妹，那么惹麻烦的就会是老二。假如老大是个男孩，老二是个女孩，那么老大的处境会非常艰难，他将面临被女孩打败的危险——在我们目前的社会状况下，被女孩打败对男孩而言简直就是一个奇耻大辱。可以说，比起两个男孩或两个女孩之间的竞争，一个男孩与一个女孩之间的竞争会更加激烈。

在男孩和女孩的竞争中，女孩天生就占尽了先机，因为十六岁之前，女孩在身心方面的发育普遍比男孩快。竞争的结果往往是哥哥丧失了斗志，变得又沮丧又懒散，他甚至还有可能千方百计地运用不正当手段——比如吹牛或撒谎来维持自己的优越地位。碰到这样的哥哥，女孩肯定能赢。于是，我们就会看到男孩走上了各种各样的歧途，而女孩则轻轻松松地排除了障碍，取得了令人瞩目的进步。其实，这种问题是可以避免的，前提是我们必须事先认识到危险的存在，并在未造成伤害之前采取一定的预防措施。最有效的预防措施应该是这样的：我们必须把家庭营造成一个平等而合作的整体——在这里，孩子们不需要互相竞争，也不会觉得自己受到了威胁，更不会费尽心机地去反抗。只有这样的家庭氛围，才能避免孩子在成长过程中出问题。

### 3. 老小

除了老小，其他所有的孩子后面都有弟弟或妹妹，因而他们的地位都有可能受到威胁。老小绝对不会有被人超越或取代的危机感，他没有弟弟妹妹，只有哥哥姐姐，所以他始终是家里的宝贝儿，可能也是最受宠的孩子。在这样的环境中，他很有可能被惯坏，从而养成许多坏毛病；然而，正是因为前面有这么多哥哥姐姐在激励着他，正是因为有这么多的竞争对手，他的发展往往会出人意料的好，他的进步会比其他孩子快，甚至还会远远超过其他孩子。纵观整个人类历史，老小的处境差不多一直都是这样。

在我们最古老的传奇故事中，有许多关于老小是如何超越其兄姐的记载。比如，在《圣经》中，最终的获胜者总是老小。约瑟夫（Joseph）十七岁之前一直是家里的老小，后来本雅明（Benjamin）出生了，但由于年龄差距太大，弟弟的出生并没有对约瑟夫的发展构成任何威胁。因此，约瑟夫算得上是典型的“老小”，他的生活方式也是老小的生活方式。他始终坚信自己高高在上比其他人优越，就连做梦他都会梦到其他人毕恭毕敬地臣服于他，而他比这些人更耀眼，更出色。哥哥们当然十分清楚约瑟夫的这个梦意味着什么。这对他们来说并非难事，因为他们与约瑟夫生活在一起，对他的态度一清二楚，更何况他们也曾有过约瑟夫那样的感觉。于是，他们害怕他，千方百计地要甩掉他。然而不管怎样，约瑟夫还是从最后一位跃升至了第一位。后来，他成了家里的顶梁柱，支撑着整个家庭。

老小往往是家里的顶梁柱，这并不是偶然的，而是因为老小确实有许多过人之处。人们历来都很清楚这一点，并且还编了许多有关幼子能力的故事。事实上，老小的处境相当有利——父母和兄姐都会帮助他，有那么多人在激励他，使他能雄心勃勃地努力向前冲，而与此同时又没有人从背后攻击他或分散他的注意力。

可是，正如我们所看到的，在问题儿童当中，老小的数量占第二位。之所以会发生这样的事，原因就在于全家人太惯着老小了。被惯坏了的孩子绝对没法儿自立，因为他没有勇气凭借自己的努力取得成功。老小总是踌躇满志、雄心勃勃，但大多数志向远大的孩子一般都很懒。懒惰可以说是雄心壮志和灰心丧气的混合产物——一个人的理想太过高远的话，就有可能看不到实现这个理想的希望；于是，这个人就有可能大受打击、灰心丧气，索性就什么都不做了。有时候，老小并不承认自己有什么远大理想，但这并不等于他没有理想，而是说明他希望自己在每一方面都能出类拔萃，希望自己能做到最好，能独领风骚。此外，老小可能会有很深的自卑感。这一点不难理解，因为周围的每一个人都比他年长，比他强壮，比他有经验。

### 4. 独生子女

独生子女的问题也有其特殊性。他有一个竞争对手，但不是兄弟姐妹，而是他的父亲。母亲一般都很宠爱独生子女，她害怕失去这个孩子，总想把他保护在自己的羽翼之下。这样一来，独生子女便容易产生所谓的“恋母情结”——他什么事都依赖母亲，并且想把父亲从家庭生活中赶出去。只要父母能和谐相处、友好合作，能让孩子对他们抱有同样的好感，这种问题是完全可以避免的。然而不幸的是，大多数父亲和孩子的接触都比母亲少得多。

独生子女的情况往往和长子的情况非常相似——他们都想战胜父亲，并且喜欢同年龄比自己大的人在一起。

独生子女通常极为害怕有弟弟或妹妹。每当听到亲友们说“你该有个小弟弟或小妹妹了”，他便深恶痛绝。他希望自己永远是众人瞩目的中心，而且他一直都觉得这本来就是自己的权利。假如地位受到挑战，他便认为自己受到了极不公平的对待。于是，在以后的发展过程中，一旦成不了中心人物，他的问题立刻就会层出不穷地冒了出来。还有一种情况也有可能妨碍独生子女的发展，那就是忧心忡忡、胆小懦弱的生活环境。假如父母是由于身体的原因不能再生育了，那么我们需要面对的就只是独生子女自身的问题。可是，有些父母本来能够生育更多的孩子，却也只愿意生一个孩子。这是因为他们既软弱又悲观，觉得自己的收入养活不了更多的孩子。他们的灰色情绪使家里充满了焦虑气氛，孩子当然也不可避免地会受到严重影响。

假如一个家里的孩子年龄差距比较大，那么每个孩子都会带有独生子女的某些性格特征。这并不是一个好现象。经常有人问我这样一些问题：“你认为兄弟姐妹之间差几岁最好?”“孩子之间的年龄差距是应该小一点儿呢，还是应该大一点儿?”据我的经验来看，孩子之间的最佳年龄差距应该是三岁左右。一个孩子到了三岁，假如有弟弟或妹妹出生，他一般还是会合作的，因为他已经到了懂事的年龄，知道一个家可以有不止一个孩子。但假如他只有一岁半或两岁，我们就不可能同他讲道理，他也理解不了我们所说的话，因此我们当然就无法让他为这件事做好准备。

一个男孩如果只有姐妹而没有兄弟，他的日子就不会太好过。倘若父亲每天大部分时间都不在家，这个男孩便生活在一个纯粹的女性世界里。他见到的只有母亲、姐妹或女仆，这会让他觉得自己与众不同，甚至还有可能让他养成孤僻的性格。倘若家里的女性们联合起来对付他，倘若她们认为自己有教育他的义务，或者她们想打压他，想让他不要以为自己是男孩就趾高气扬，这样会更容易让他产生孤立无助的感觉，会激起他的敌对情绪和反抗意识。如果这个男孩前有姐姐后有妹妹，那他的处境无疑就是最糟糕的——他会腹背受敌。如果他是长子，便会面临被一个强有力的女性竞争对手步步紧逼的危险。如果他是老小，便有可能被母亲和姐姐们惯坏。

在女孩堆里长大的独子一般都不怎么招人喜欢，不过，假如他的社会生活很丰富，能够经常和别的孩子来往，那就不大会出这样的问题。否则的话，老是待在女孩圈子里，他的行为难免也会变得女性化。纯粹的女性环境和男女混合的环境有天壤之别。就拿布置房间来说吧，男性和女性的风格肯定不一样。女性住的房间一般都整整齐齐、干干净净，颜色是精挑细选的，所有的细节也是经过反复琢磨的；而男性住的房间就没有那么整洁了，经常是乱糟糟、闹哄哄的，家具也不怎么讲究，大都比较破旧。总之，在女孩堆里长大的独子容易养成女性品味，习惯于用女性视角来看待人生。

不过，这样的男孩也有可能朝着相反的方向发展。他可能会激烈地反抗自身处境，并极力强调自己的男性气质；也可能会处处提防，不想让女性控制自己。尽管他觉得必须要坚守自己的个性和优势，但总是会感到有些紧张。这样一来，他便会朝着两个极端的方向发展下去：要么把自己训练得非常强壮，要么非常软弱。与此类似，在男孩堆里长大的独生女也易于发展出极端的人格特征来：要么是女人味儿十足，要么是非常男性化。此外，这样的独生女往往会终生受到不安全感和无助感的困扰。这是一个非常值得研究和探索的问题。我们并不是每天都能碰到这样的案例，因此要想深入而广泛地讨论这个问题，我们还需要找到更多的案例来研究。

我在研究成年人的时候，总会在他们身上发现一些幼年时期留下的印象。所以我认为，一个人小时候在家里的处境会给他的生活方式留下不可磨灭的印记，他在成长过程中所遇到的每一个问题都是由家里的敌对氛围引起的，是由缺乏合作精神的家庭环境引起的。假如我们能仔细观察一下整个社会生活，观察一下整个世界，假如我们能认真想想这样一个问题：为什么我们的生活中充满了敌对和竞争？那么我们肯定会发现，所有人追求的目标都是想要成为征服者，想要征服他人、超越他人。这个目标源于幼年时期的经验，源于孩子的竞争和反抗，源于孩子在家中受到的不公平对待。要想杜绝这些危害，唯一的办法就是培养孩子的合作能力。

# 第七课　学校的影响

## 一、教育的变革

学校乃是家庭的延伸。假如所有的父母都能承担起教育孩子的重任，使孩子有足够的能力去解决各种人生问题，那我们也就没有必要设立学校了。过去，孩子差不多都是在家里受教育的，比如，工匠会让儿子跟着自己学手艺，会把自己从父亲那里学到的技术以及自己的实践经验传授给儿子。然而，现代文明对人类提出了更复杂、更多样化的要求，因此需要设立学校来减轻父母的负担，并让孩子有机会学一些从父母那里学不到的东西。换句话说，社会整合要求年轻人接受更高水平的教育，而家庭教育却无法满足这一要求，所以我们只有依赖于学校教育了。

在美国，学校教育的历史并不复杂，不像欧洲那样经历过许多不同的发展阶段，但有时我们还是会在美国的学校教育中看到一些权力主义传统的遗风。在欧洲的教育史上，最初只有王室成员和贵族子弟才能接受正规教育，因为按当时的社会标准来看，他们是唯一有价值的社会成员，而其他人则理应安分守己，不能抱任何非分之想，不能追求更高的社会地位。后来，除了王室成员和贵族子弟之外，又有一些人被认为是有价值的，于是，宗教机构接管了教育事业。在那里，少数通过甄选的人可以学习神学、艺术、科学，并且还能接受职业训练。

随着科学技术的进步，陈旧的教育形式渐渐跟不上社会发展的步伐了。然而，普及教育的实现并不是一蹴而就的事，它经历了一个漫长而坎坷的过程。以前，村镇里的教师通常由当地的鞋匠和裁缝担任，他们边讲课边挥舞着教鞭，但教学效果并不理想，不会读写的人比比皆是。那时只有教会学校和大学才教授艺术和科学，甚至连有些国王都不学习读写。后来，伴随着工业革命的爆发，工人们开始需要学习读写、算数和绘图了，于是，我们所说的公立学校便应运而生了。

不过，这些学校一般都是根据政府的需求而设立的。当时的政府需要的是有教养的顺民，即能够维护上层阶级的利益并随时可以当兵打仗的人，学校的课程就是配合这一目的而设置的。我记得，奥地利有一段时间还残留着这样的情况。当时，对下层阶级的教育就是让他们驯服，让他们从事符合其社会地位的工作。然而，这种教育的缺陷逐渐暴露了出来。后来，自由思想开始萌芽，工人阶级越来越壮大，他们的要求也日益增多。于是，为了适应这些新的社会要求，公立学校逐渐开始转型了。如今，大家公认的教育理念是：应该培养孩子独立思考的能力，应该让孩子有机会了解文学、艺术和科学等领域的知识，应该让孩子在成长过程中分享到全部的人类文明，并让他们为人类文明作出应有的贡献。总之，我们不能再把孩子培养成只懂得如何谋生或是只想在工厂找份工作的人，我们需要培养出能够齐心协力地为大众利益努力奋斗的人。

## 二、教师的作用

任何一项教育改革，不管具体内容是什么，其目的都是为了增进人类社会的团结合作程度。比如，我们之所以开展性格教育，就是为了要提升每个人的合作能力。可是，从整体上来看，并不是所有的教师都能理解这一教育目标，也并不是所有的老师都掌握了熟练的教育技巧。我们需要的教师应该是这样的：他们不仅能教会孩子如何去赚钱谋生，而且还能让孩子懂得如何以有益于人类的方式工作；此外，他们必须要认识到教育工作的重要性，还要在这方面接受一定的培训，这样才能成为合格的教师。

### 1. 性格教育的重要性

性格教育最终能起到什么样的作用？这一点还是个未知数，我们在这方面仍处于摸索阶段。需要注意的是，在讨论这个问题的时候，我们没必要考虑司法改造体系，因为它在矫正性格这方面并没有形成一套严格而系统的做法。然而，即便是在学校，性格教育的效果也不怎么理想。孩子来到学校的时候，一般都随身携带着早在家庭生活中就已经出现了的错误；尽管在学校接受了各种各样的教导和劝勉，他们还是会继续犯同样的错误。要想解决这个问题，我们必须大力培养教师，使教师有足够的能力了解学生，帮助学生。除此之外，再也没有什么别的好办法了。

我的许多研究工作都是围绕着学校展开的，我相信，维也纳的许多学校在世界上都处于领先地位。在其他地方，虽然会有精神病医生给孩子们看病，而且还会提出相关的建议，但是，倘若教师不认同医生的建议，更不懂得如何将这些建议付诸实施，那又有什么用呢？尽管精神病医生每周给孩子们看一两次病，有时甚至是每天一次，但他并不清楚环境、家庭内外以及学校究竟给孩子带来了什么样的影响。他写张便条，说这个孩子应该加强营养，那个孩子应该接受甲状腺治疗；也许他还会给教师一些额外的提示，说某个孩子需要个别对待。可是，教师却不明白医生为什么要开这个方子，而且教师在如何帮学生矫正错误这方面也没什么经验。除非教师本人非常了解孩子的性格，否则他什么也做不了。因此，教师和精神病医生之间应该密切合作，教师应该从精神病医生那里了解到详细的诊断结果和治疗方法。这样，在讨论完孩子的问题之后，即便医生不在身边，教师也能独立展开工作；而万一碰到什么意想不到的问题，他也会像精神病医生那样，知道应该做些什么。在这方面，最实用的一个措施大概就是我们在维也纳设立的顾问委员会了。至于这个机构的详细情况，我将在结束本章之前给大家讲讲。

当孩子刚刚步入学校的时候，他的社会生活必然会遇到一个全新的考验——这个考验能将孩子身上所有的人格缺陷全都激发出来。此时，他离开了家，来到了一个比家更广阔的新环境，他必须在这样的环境中与他人合作。假如他在家里备受呵护，那他可能不愿意脱离家庭生活的保护伞，不愿意与其他孩子打成一片。于是，娇生惯养的孩子从上学的第一天起，便会流露出一个鲜明的缺点——社会感比较弱。他可能会大哭大闹，不想在学校待，想要回家；可能对功课或老师不感兴趣；可能一心只想着自己，以至于别人说的任何话都听不进去。不难想象，假如任由他这样自顾自地发展下去，假如他一直这样只关注自身的话，那他在学校肯定不会有什么进步。有一些问题儿童的父母经常告诉我们，他们的孩子在家里很乖，从不惹麻烦，只有到了学校才会出问题。我们怀疑这样的孩子有可能极为享受自己的家庭环境。由于家里不存在什么考验，所以他们人格中存在的错误也没有机会暴露出来。可是一到学校，再也没有人宠着他们了，结果他们就会觉得这个新环境在和他们作对、在打击他们。

有一个小孩，从上学的第一天起，他就什么事儿都不做，只是不停地嘲笑老师说的每一句话。他对功课丝毫不感兴趣，老师们由此认为他的智力肯定有问题。见到他时，我说："大家都奇怪为什么你老是嘲笑学校。"

他回答说："学校只不过是父母跟孩子开的一个玩笑罢了，父母把孩子送到学校无非就是为了要逗他们玩。"

家里人经常拿他开玩笑，这让他相信不管在哪个环境里，别人都会跟他开玩笑、都会捉弄他。我给他指出，正是因为他太好面子了，所以才会把玩笑当真，以为别人在不怀好意地针对他。我还给他指出，并不是人人都想捉弄他。结果，他开始对功课有了兴趣，并且取得了显著的进步。

### 2. 师生关系

教师的职责在于，密切关注学生的各种问题，矫正学生在家庭生活中形成的各种错误。教师通常都会发现，有些学生对于如何应对更广阔的社会生活已经做好了充分准备，这样的学生一般在家里就已经学会了要对别人感兴趣；而还有一些学生则没有做好这方面的准备，所以当他们面对新环境的时候，便会犹犹豫豫、畏首畏尾。假如有哪个孩子看上去似乎很迟钝但其实并不笨，那就说明这个孩子还没学会如何调整自己以适应社会生活。这个时候，能够帮他应付新环境的最佳人选无疑就是教师了。

但教师该怎样做才能帮到学生呢？答案是：教师必须做母亲该做的那些事——和孩子保持密切联系，并尽力吸引孩子的注意力。孩子能否适应新环境，这取决于教师能否在一开始就抓住他的兴趣。要想做到这一点，靠严厉的管教或惩罚是不行的。假如孩子在学校里很难和老师及同学友好相处，在这种情况下，最坏的做法就是批评他、责备他，因为这样做只能让他坚信自己讨厌学校是对的。换作是我也一样。我要是在学校经常挨批评、受叱责的话，就再也不会对老师有什么好感，我会想方设法地摆脱这种处境，最终就会彻底逃离学校。

在某些孩子看来，学校环境是不愉快的，是虚伪的；这样的孩子经常会逃学，他们在学校一般都表现很差，不是显得笨笨的，就是调皮捣蛋、难以管教。其实他们并不笨，只不过是聪明才智没用对地方罢了，比如，在编理由不去上学或伪造家长签字方面，他们往往会表现出极高的天分。他们在校外很可能会碰到其他逃学的孩子。在学校没人欣赏他们，而这些逃学的伙伴们却能理解他们，欣赏他们。于是，学校对这些孩子彻底失去了吸引力，而他们会逐渐被一些帮派团伙吸引过去，在那个圈子里，他们觉得自己受到了应有的尊重。由此可见，倘若孩子没有成为班里平等的一分子，他是多么容易被逼上犯罪道路啊！

### 3. 激发孩子的学习兴趣

如果教师想要吸引孩子的注意力，那他就要了解孩子以前的兴趣是什么，并且还要让孩子相信自己无论在哪个兴趣上发展都能取得成功。倘若孩子对一个科目非常有信心，那么要想激发出他对其他科目的兴趣倒也不是件难事。因此，从一开始，我们就应该弄清楚孩子是以哪种方式观察世界的，要弄清楚他的哪种感觉器官用得最多，最灵敏。有的孩子喜欢看，有的孩子喜欢听，有的则喜欢动。视觉型儿童更容易对必须使用眼睛的科目产生兴趣，如地理或绘画；他可能不怎么认真听老师讲课，因为他不大习惯运用听觉来学习知识。这样的孩子如果没有机会运用眼睛来学习，便有可能学得很慢。于是许多人可能就会想当然地认为，他之所以学得慢，是因为他能力不足，或者是因为他没什么天分，归根结底都是由遗传造成的。

如果必须要有人对教育失败负责的话，那么这个人就应当是教师和家长，因为他们没能激发出孩子的学习兴趣。我这样说并不是在提倡一定要对孩子施行早期的专门教育，而是想建议大家最好利用孩子已有的任何兴趣来激发他在其他方面的兴趣。目前，有些学校在教学上非常注意调动学生的所有感官，比如，他们会在传统课程里融入模型制造或绘画练习等内容。这种教学方式值得鼓励，应该大力推广。不管教哪门课，最好的教学方式都是尽量将课程内容与生活中的具体事情联系起来，这样孩子就很容易理解学习这门课的目的，也能看清所学内容的实用价值。经常有人会提出这样一个问题：是教孩子学习知识好呢，还是教他独立思考好？在我看来，这不应该是一个非此即彼的问题，二者完全可以结合起来。比如，我们教数学的时候可以涉及房屋建筑方面的知识，可以让孩子计算需要多少木料，屋子里面能住多少人，等等。用这种方法教数学效果非常好。

许多知识是可以融汇在一起教的，而且的确有许多教师很善于将各种各样的知识联系起来。比如，有的教师就能在和孩子们一起散步的过程中找出他们最感兴趣的东西；与此同时，教师还能教孩子们辨认沿途所看到的植物，并进一步教他们了解植物的构造、生长和用途、气候的影响、山川的地理特征以及人类的农业史等各种各样的知识。当然，要想达到这样的教学效果，需要有一个前提，那就是，这位教师必须真心实意地喜欢他所教的学生。倘若教师不喜欢学生，那么教育就没什么指望了。

## 三、班级里的合作与竞争

在现行教育体制下，大家也许经常会看到这样一个现象：当孩子刚刚步入学校的时候，他更倾向于竞争而非合作；并且，在整个读书生涯中，孩子所接受的教导就是要坚持不懈地努力学习，以提高自己的竞争力。这种教育对孩子来说简直就是一场灾难，因为在竞争中，无论是遥遥领先、奋力拼搏，还是落后于人、破罐破摔，这两种状态所造成的恶劣后果不相上下——领先也好，落后也好，孩子都只对自身感兴趣，他的首要目标不是奉献和互助，而是竭尽所能地为自己争取利益。班级其实应该是一个集体，是一个大家庭，班里的每位同学都应该是这个大家庭中不可或缺的一分子，都应该是平等的。如果孩子接受的是这样的教育，那他们一定会相互关心、乐于合作。

我见过许多“问题”儿童，他们一旦对同学产生兴趣，并与同学友好合作，态度就完全改变了。在此我要特别讲一讲这样一个孩子。在家里，这个孩子觉得每个人都在和他作对；在学校，他以为大家也会对他怀有敌意。他在学校表现很差，父母得知后便会惩罚他。这种情况极为常见——孩子要是考得很糟糕，在学校就会为此而挨老师的训，把成绩拿回家后又会挨父母的训。这样的惩罚一次就够打击人的，连续来两次简直称得上是残酷了！难怪这个孩子不仅成绩差，而且在班里还总是调皮捣蛋。后来，他遇到了一位老师。这位老师理解他的处境，并向其他同学解释了为什么他会认为人人都是他的敌人；而且，老师还号召同学们一起帮助他，让他相信大家都是他的朋友。结果，这个孩子的整体表现有了令人难以置信的改观。

有些人怀疑用这种方法是否真的可以教会孩子们相互理解、相互帮助，不过，据我的经验看，孩子往往比大人更容易理解自己的同龄人。一次，有位母亲带着她的两个孩子——两岁的女儿和三岁的儿子——来到我的房间。那个小女孩爬上了桌子，妈妈吓呆了，一动都不敢动，只是大叫：“下来！下来！”可小女孩理都不理她。这时，三岁的男孩对妹妹说：“待那儿别动！”女孩马上就爬了下来，而且毫发未损。可见，这个男孩比母亲更了解妹妹，知道在这种情况下应该怎么做。

怎样才能增进班集体的团结与合作？我的建议就是让学生自治。不过，做这件事情的时候一定要慎重，要保证有教师在旁边进行指导，还要确保学生已经做好了充分准备。不然的话，我们就会发现，学生对自治并不太严肃，只把它当成了一种游戏；结果，他们可能会比教师更严厉、更苛刻，或许还会利用班会来攫取个人利益，会兴风作浪、相互批驳、争占上风。因此，在学生自治这个问题上，最重要的一点是，从一开始，教师就应该予以密切关注，并提出适当建议。

## 四、评估孩子的发展

假如我们想知道孩子智力发展、性格和社会行为的最新状况，那就要给他做各种各样的测试。有时候，像智力测验这样的测试确实能成为一个孩子的救星。比如，有个男孩成绩很差，老师希望他留级，但给他做了智力测验之后发现他其实是能升级的。不过我们必须要明确一点，那就是，孩子未来的发展是绝对无法用这类测试预测出来的。只有当孩子面临某种困境时，我们才能给他做智商测试，看看能否从中找出摆脱困境的办法。据我本人的经验来看，要是智商测试证明孩子真的没什么心智方面的障碍，那么，如果掌握了正确的方法，他的智商是可以改变的。我还发现，如果让孩子把智力测验当做普通游戏来玩，让他熟悉这些测验并找出其中的奥妙，让他多积累一些这样的实战经验，那他的智商便会有所提高。最重要的是，我们不应该认为智商是由命运或遗传决定的，更不应该用智商来限定孩子的未来成就。

父母最好不要知道孩子的智商，孩子本人也一样，因为他们都不明白这类测试的目的，很可能会以为测试结果就代表了最终判决。教育中存在的最大问题，不是孩子有什么样的局限，而是他认为自己有什么局限。假如孩子知道自己的智商低，那他可能会失去信心、自暴自弃，可能会相信成功是他永远也无法企及的东西。因此，在教育孩子的过程中，我们应该着眼于增强孩子的信心和兴趣，并打消他对自身能力的消极看法。

学生的成绩报告单也会像智商测试那样造成恶劣的后果。当教师给出一个低分的时候，他或许认为这样做可以激励学生更加努力。可是，假如这个学生的家教很严，他就有可能不敢把成绩报告单带回家，结果，他要么是不敢回家，要么是壮起胆子涂改成绩。在这种情况下，有的孩子甚至还会自杀。因此，教师应该考虑到可能产生的种种后果。尽管教师不必对学生的家庭生活负责，不必对学生受到的家庭影响负责，但他还是需要将这些因素考虑在内。

假如家长对孩子寄予了厚望，那么当孩子把自己的低分成绩单带回家时，他们有可能会对他发脾气，会责备他。假如教师给孩子打分的时候能够稍微宽厚一些、仁慈一些，孩子或许会受到鼓舞，从而会勇往直前、不断努力，并最终获得成功。假如孩子得到的分数总是很低，而且别人也都因此而认为他是班上最差的学生，那么他自己便会逐渐相信这一点，相信这是一个不可改变的事实。然而，即便是最差的学生，他也有可能取得进步。在那些出类拔萃的精英人物当中，有许多人曾经是学校里的后进生。这些人的经历足以证明，学校里的后进生也有可能重拾信心和兴趣，也有可能通过不懈的努力取得伟大成就。

有这样一个现象，很有趣，也很值得注意，那就是，孩子们往往不用看对方的成绩就能洞悉彼此的能力，他们知道谁的数学最好、谁的拼写最好、谁的绘画最好或者谁最会玩游戏，他们也知道每个人凭实力在班里能排第几名。不过，孩子们最常犯的错误就是认为自己绝对不可能做得更好。看到别人遥遥领先，他们会相信自己永远追不上人家。假如有哪个孩子非常固执地抱有这样的想法，那么他有可能终生都这样，即便在成年之后，他也时不时估量一下自己与其他人之间的距离，觉得自己永远会落在人家后面。

绝大多数孩子在任何一个班里都会保持大体差不多的名次，要么总是名列前茅，要么总是中不溜儿，要么总是垫底。这个现象并不是说孩子的才能是不变的，是天生注定的，它只是表明孩子为自己设定了什么样的限制，表明他们的乐观程度和活动范围。曾经在班上垫底的孩子可能会发生奇迹般的转变，可能会取得惊人的进步，这类事情并不少见。由此可见，我们应该让孩子懂得自我限制会造成什么样的负面影响，应该让教师和孩子相信正常人的智力发展与遗传没有什么关系。

## 五、先天与后天

我们在教育孩子的过程中出现了各种各样的错误，其中最糟糕的就是相信遗传因素会限制孩子的发展。这种错误观念让教师和家长有了可乘之机——他们会以遗传为借口来为自己的过失辩解，会因此而不再努力，不再承担教导孩子的责任。我们应该杜绝一切逃避责任的行为。假如一个教育工作者真的认为人格和智力的发展取决于遗传，那么很显然，他在这一行肯定干不出什么名堂来。相反，假如他认识到自己的态度和努力能够影响孩子，那他就绝不可能以遗传为借口来逃避自己的责任。

这里我指的并非生理上的遗传。毫无疑问，生理缺陷是可以遗传的，而我相信只有个体心理学才能理解生理性遗传问题会对心灵发展产生多大的影响。当孩子意识到了自己的生理缺陷时，他对这个缺陷会有一定的看法，然后，他就会根据自己的看法来限定自身的发展。所以我们说，影响心灵的并不是缺陷本身，而是孩子对自身缺陷的态度以及与态度相符的发展方式。由此可见，有一点特别重要，那就是，假如孩子有生理缺陷，我们首先应该让他明白身体上有缺陷并不代表智力上或性格上就有缺陷。在上一章中我们已经讲过，同样的生理缺陷，既有可能激励人们作出更大的努力，取得更大的成功，也有可能阻碍人们的发展。

在我最早提出这个观点的时候，许多人批评我没科学依据，说我的观点是不符合事实的一家之言。但这个结论是我从自己的经验中总结出来的，而且对此有利的证据也越来越多。现在，许多精神病学家和心理学家都得出了与此相同的观点，并且，许多人也认为遗传决定性格一说纯属迷信。这个迷信已经有数千年的历史了。每当人们想要逃避责任的时候，每当人们用命中注定来解释人类行为的时候，遗传决定性格的理论必然会应运而生。最简单的一个例子就是那句俗语——小孩一出生，善恶已注定。这种说法简直就是信口雌黄，只有强烈渴望逃避责任的人才会认同它。

同性格的其他表现一样，“善”与“恶”只有放在一定的社会背景下才具有明确的意义。也就是说，要想判断一件事或一个人是“善”是“恶”，就要看这件事或这个人对社会以及其他人有什么样的影响；还有，“善”与“恶”这两个概念中隐含着一种价值判断，即一个人的行为若“有助于他人利益”便是“善”，若“有损于他人利益”便是“恶”。出生之前，孩子并不具有这种意义上的社会环境，所以也就无所谓善恶；出生之后，他既有可能朝着善的方向发展，也有可能朝着恶的方向发展。孩子选择哪个发展方向取决于他从周围环境和自己的身体中得到的印象和感觉，取决于他是如何理解这些印象和感觉的，尤其取决于他所接受的教育。

智力的发展也一样。我们认为，一个人的智力并不取决于遗传，而是取决于他的生活环境和他所接受的教育，不过我们还需要收集更多的证据来证明这一点。智力发展中最重要的一个因素就是“兴趣”。而正如我们所讲过的那样，妨碍兴趣发展的并非遗传，而是灰心丧气以及对失败的恐惧。当然，有一点不可否认，那就是，大脑的实际构造在某种程度上的确是来自遗传的。可是话又说回来，大脑并不是心灵的源泉，它只不过是心灵的工具罢了；而且，假使脑部的某种缺陷尚未严重到不可救药的地步，那我们只要对大脑进行一定的训练，就完全有可能弥补这种缺陷。

许多人都拥有举世无双的特殊才能。而我们发现，造就这些特殊才能的并不是什么特殊的遗传基因，而是浓厚的兴趣和持久的训练。即使一个家族有好几代都出了天分极高的人才，我们也不会认为这是遗传在起作用；我们宁愿相信之所以出现这种情况是因为家族中某位成员的成功激励了其他人，是因为家族的传统和期望会敦促孩子去追随长辈的志趣、去反复不停地训练自己。举个例子来说吧。伟大的化学家利比格（Leibig）是药店老板的儿子，但这样的出身并不能证明他在化学方面的才能是从父亲那里遗传来的。深入研究之后我们会发现，利比格之所以拥有化学才能，是因为他的成长环境非常有利于他的兴趣发展。于是，在大多数同龄孩子对化学还是一无所知的时候，他对许多化学知识已经相当熟悉了。

莫扎特（Mozart）的父母喜欢音乐，但莫扎特的音乐才华并非来自遗传。父母希望他对音乐感兴趣，所以一直都在鼓励他朝这方面发展。从婴儿时期开始，父母就用音乐装饰了小莫扎特的整个生活环境。在那些杰出人物当中，我们通常都会发现一种“早慧”现象，比如他们有的四岁就会弹钢琴了，有的在很小的时候就开始给家里人写故事了。我们还会发现，这些杰出人物的兴趣是持久的、不易改变的，他们的训练是自发的、刻苦的，他们会一直勇往直前，既不犹豫，也不退缩。

孩子会给自身发展设定某些限制，认为自己在某些事情上绝对不在行。而假如教师真的相信孩子对自己所做的消极判断是不可改变的事实，那他根本不可能帮孩子打消这些消极看法。假如教师对孩子说："你没有学数学的天分。"这样一来他自己倒是轻松多了，可以不用为孩子学不好数学负责了，但却会使孩子丧失信心。对此我本人深有体会。曾经有好几年我在班里都是数学成绩不好的学生，而且深信自己完全缺乏数学才能。幸运的是，有一天我惊讶地发现自己竟然能解出一道连老师都不会做的题，这个意想不到的成功彻底改变了我对数学的态度——以前我对这门课已经完全失去了兴趣，而现在我开始喜欢数学，并且还千方百计地找机会来提高这方面的能力。结果，我成了全校数学成绩最棒的学生之一。我想，正是这个经历让我明白了有关特殊才能或天生能力的说法纯属谬论。

## 六、认识人格类型

任何一个在儿童教育方面受过专门训练的人，都能轻松地辨认出各种不同的性格和生活方式。孩子的合作程度体现在许多方面，比如，他的姿势，他的视听方式，他与其他孩子保持的距离，他是否易于交友以及他能否集中注意力。倘若他忘记做作业或是丢了课本，这意味着他对功课不感兴趣，我们必须找出他如此厌学的原因。倘若他不参与其他孩子的游戏，我们可以看出他有孤独感，并且自私自利、只想着自己。倘若他做事总是要人帮忙，我们就会发现他是一个缺乏独立精神的人，总想得到别人的支持。

有些孩子只有在受到表扬和赞赏时才肯做事。有许多孩子被惯坏了，他们只要能得到老师的青睐，功课便做得非常好；而一旦失去了这种特别关注，他们不可避免地就会出问题。如果没有人听他们倾诉，他们便失去了动力；如果没有人欣赏他们，他们便觉得索然无味，百无聊赖。对于这类孩子来说，最令他们头疼的科目大概就是数学了。如果让他们记住一些法则和命题，他们或许会表现得相当好；但只要让他们独立解一道题，他们顿时就束手无策了。

这貌似是一个小小的缺点，但正是这些总在要求别人支持和关注的孩子，他们很可能会给别人的幸福带来巨大的危险。如果他们一直保持着这种态度，那么成年后他们还会继续索求别人的支持。每当遇到困难的时候，他们的第一反应就是算计着怎样才能让别人来为他解决困难。终其一生，他们都不会为别人的幸福作出贡献，只会成为别人永久的负担。

另外还有一类孩子，他们也想成为众人瞩目的中心。假如不能如愿的话，为了引起别人的注意，他们会调皮捣蛋，会扰乱全班秩序，还会带坏其他孩子，成为人人讨厌的捣蛋鬼。责备和惩罚对这类孩子丝毫不起作用，只能让他们更加得意，因为他们宁愿受罚，也不愿被忽视。他们的所作所为必然会让自己招人讨厌，但在他们看来，要是能让别人注意到自己，付出这样的代价也是值得的。事实上，有许多孩子都把惩罚看做是对自己的挑战。接受惩罚的时候，他们认为这是一场比赛或游戏，要看谁坚持得最久。最后的获胜者总是他们，因为他们在惩罚刚开始就已经达到了目的——让别人注意到自己。于是我们会看到，有些反抗父母或老师的孩子，他们挨罚时不但不哭，反而会笑。

假如一个孩子很懒，这意味着他要么是在用懒惰来攻击父母和老师，要么他本身就是一个既害怕失败又野心勃勃的孩子。每个人对“成功”这个词的理解都不一样，而要是我们知道了孩子是怎样看待不成功的肯定会大吃一惊。有许多人若是不能超过其他所有人，便认为自己彻底被打败了；即便他们很成功，如果还有人比他们做得更好，他们也会觉得自己失败了。懒惰的孩子绝对不会体验到真正的挫败感，因为他从来不愿面对真正的考验。他竭力逃避一切问题，也尽量不和别人竞争。而周围的人都相信，他要是没这么懒的话，一定能够处理好自己的问题。于是，他便躲进了这个无忧无虑的白日梦里寻求慰藉——“只要想做，我什么事都能做得很好。”倘若真的失败了，为了维护自尊心，他也不会承认这一事实，而是会自我安慰：“我只是有点儿懒而已，并非没有能力。”

教师有时候会对懒惰的学生说：“你只要多用用功，就会成为班上最聪明的学生。”倘若懒孩子不费吹灰之力便能获此殊荣，那他又何必要通过用功读书来冒这个险呢？倘若他不再懒惰了，或许就有可能失去才华深藏不露的好名声，因为这时候人们就会根据他的实际成就来评价他，再也没有人替他虚构那些可能的成就了。懒孩子还有另外一个优势，那就是，他只要做一点点事，便会因此而受到表扬。人人都希望他会从此洗心革面、开始奋发向上，于是便热切地表扬他、鼓励他，好让他能一鼓作气、再接再厉。然而，同样的事情倘若是由勤奋的孩子做的，人们往往会熟视无睹，觉得这是再正常不过的事了。就这样，懒孩子一直生活在大家的期望里。他是个被惯坏了的孩子，从婴儿期开始，便学会了不劳而获。

还有一类孩子，我们在人群中一眼就能认出他们来，他们就是那些喜欢在同龄人中当带头人的孩子。人类确实需要领袖，而且需要的是能代表大众利益的领袖，但遗憾的是，这样的领袖寥寥无几。大多数领头的孩子所感兴趣的只是控制并支配他人；只有当别的孩子都愿意听他们指挥的时候，他们才肯和大家一起玩。这类孩子的未来不可能一帆风顺，在以后的人生中，他们肯定会碰到许多困难。两个这样的人一旦在婚姻、工作或社交场合中相遇，往往不是以悲剧收场，便是以闹剧告终，因为双方都在伺机控制对方，试图占据上风。有时候，当大人们看到被惯坏了的孩子对自己指手画脚、颐指气使时，他们会觉得很有趣，会为此而开怀大笑，还会怂恿孩子继续这样做。然而，作为教师，应该很容易就能看出，如果任由这样的性格继续发展下去，孩子今后绝不可能拥有对社会有益的人生。

我们十分清楚，每一个孩子都是独特的，都有与众不同的地方，所以我们绝对无意于用同一个模子来塑造他们，我们的目的是要杜绝那些明显会导致失败和困难的习惯。这些习惯在幼年时期是比较容易矫正或防止的；倘若不加以矫正，这些习惯便会严重危害到一个人成年后的社会生活。可以说，成年人的失败与童年的错误有直接的联系，没有学会与人合作的孩子长大后很有可能会变成神经症患者、酗酒者、罪犯或自杀者。比如，焦虑性神经症患者幼年时期可能非常害怕黑暗、陌生人或新环境，抑郁症患者小时候可能是个爱哭的孩子。

在现代社会，我们不可能走近每位父母，一对一地纠正他们在家庭教育问题上出现的失误；还有，最不愿意为了这类事情主动向别人求助的，恰恰是那些失误最严重的父母。不过，我们却有可能走近所有的教师。通过教师，我们就可以接触到所有的孩子，可以设法矫正他们已有的错误，可以教他们去追求独立、勇敢、合作的人生。只有这样，人类的未来才能得到保障。

## 七、对学校教育的一些观察

即使在人数比较多的大班里，孩子们之间的差异也是显而易见的。假如我们对他们每一个人的性格都了如指掌，而不是根本分不清他们谁是谁，那我们就能更恰当地对待他们，就能把他们教得更好。然而，班太大总归不是件好事，有些孩子的问题可能会被掩盖起来，很难得到恰当的处理。教师应该对所教的学生了如指掌，否则他就无法吸引学生的注意，无法调动学生的积极合作。鉴于这个原因，我认为学生最好连续几年都由同一位教师来教。在某些学校，教师大概每隔半年就得换一个班；这样一来，教师就没有足够的时间去熟悉学生，当然也就没机会找出他们的问题并追踪他们的发展。假如一位教师能够和同一个班的孩子相处三四年，那他会更容易找出孩子们生活方式中的错误并及时予以补救；而且，在他的帮助下，这个班会更容易发展成一个团结互助的集体。

让孩子跳级其实并没什么好处，因为这样做就等于是把过多的期望寄托在孩子身上，孩子可能会因此背上沉重的思想负担。假如某个孩子的年龄比其他同学大，或者他发育得比其他同学快，那么我们也许可以考虑让他升到高一级的班上去。不过，假如这个班是一个团结的集体——就像我所建议的那样，那么其中一个孩子的成功就有可能促进其他同学的发展。换句话说，班里只要有一个才华横溢的学生，整个班的水平都有可能大大提高。要是这个学生跳了级，那就相当于夺走了全班前进的动力，这对其他同学来说有些不公平。我的建议是，对于一个聪颖非凡的学生，除了日常功课之外，还应该让他多参加一些其他活动，多培养一些其他兴趣，比如说绘画。假如他在这些活动中取得了成功，同样也会带动其他同学拓宽兴趣，激励大家勇往直前。

孩子若是留了级就更不幸了。所有的教师都认为，无论在学校还是在家里，留级生都是个问题，尽管事实并非完全如此。尽管有些孩子留级后就再也没有出过任何问题，但那毕竟是极少数，大多数留级生总是一如既往地落后，总是不停地惹麻烦。同学们对这样的留级生没什么好印象，他们对自己的能力也没什么信心。这是一个大难题；可是在当今的教育体制下，有些孩子又不可避免地会留级。我们怎样才能解决这个难题、怎样才能避免留级现象呢？为了不让落后的学生留级，有些教师会利用假期来辅导他们，帮他们认清自己生活方式上的错误。只要认清了自身的错误，这些孩子就能顺利通过下一年的学习。事实上，能够帮助落后学生的唯一办法就是，帮他认清他对自身能力的错误看法，这样他以后便能独立解决自己的问题了，我们便可以放手让他靠自己的努力前进了。

我曾见过有些学校根据学生的智力程度把他们编到不同的班级。需要申明的一点是，这个现象我是在欧洲看到的，不知道在美国是否也存在同样的情况。在这些班级里，我注意到了一个显著的事实，在程度较低的慢班里，除了智力迟钝的孩子之外，还有一部分是出身贫寒的孩子；而在程度较高的快班里，大部分孩子都出身于富裕家庭。这一点倒是很好解释——贫困家庭的孩子对上学还没有做好充分准备。他们的父母要应付太多的困难，所以无暇顾及子女的教育；此外，这些父母自己可能就没受过什么良好的教育，当然也就帮不了孩子了。

可是，我并不赞成把那些没有做好上学准备的孩子全都划到慢班去。只要是训练有素的教师，他一定懂得如何帮这些孩子改进他们的不足。而且，在和那些准备充分的孩子相处的过程中，这些孩子必定会有不少收获。假如把这样的孩子编入慢班，他们通常都非常清楚自己所处的地位，而快班的孩子对此也一清二楚，甚至还有可能瞧不起他们。结果，他们就会大受打击，从此一蹶不振，开始采用错误的方式去追求个人优越感。

理论上来讲，男女同校是值得大力提倡的。这种办学模式非常好，可以让男孩和女孩彼此增进了解，让他们学会怎样与异性合作。不过，谁要是相信男女同校可以解决一切问题，那就大错特错了。男女同校本身也存在一些问题，倘若对这些问题认识不清、处理不当，那么在这类学校里，两性之间的关系或许比单纯的男校或女校还要疏远。比如，有一个问题就是，在十六岁之前，女孩一般比男孩发育得快。假如男孩不明白这一点，他们的自尊心就很容易受到伤害。他们眼睁睁地看着女孩们超过自己，免不了会垂头丧气。这种挫败感会长时间地困扰着他们，甚至会让他们在以后的人生中不敢和异性竞争。假如赞成男女同校的教师十分清楚这种办学模式有可能出现哪些问题，那他在这类学校里一定大有可为；但假如他并不完全赞同这种模式，而且对其中的问题也不大感兴趣，那他注定是教不好学生的。

还有一个问题是，孩子倘若没有接受正确的引导和监督，必然会在性方面出问题。在学校，性教育是个非常复杂的问题。课堂教学并不是开展性教育的最佳方式，因为如果教师是同时给全班同学讲授这类知识，那他根本无法确定是否每个学生都能正确地理解他所讲的内容；此外，这样做或许能引起学生的兴趣，但却无法确定他们是否对此已经做好了接受的准备，更无法确定他们是如何将这些内容融入生活方式的。当然，如果学生想多了解一些这方面的知识，并私下向教师请教，那么教师就应该耐心而详细地给他做出解答。这样，教师就有机会判断学生真正想知道些什么，然后就能因材施教，给他指出正确的解决办法。不过，反复在班上讨论性问题并不见得是什么好事。这样做会影响到孩子对性的态度，有些孩子肯定会因此而产生误解，比如，他们有可能把性当成无足轻重的儿戏。

## 八、顾问委员会

为了能接触到教师，也为了实施学校顾问服务这个项目，大约在十五年前，我就开始发展个体心理学顾问委员会了。迄今为止，维也纳以及欧洲许多城市都建立了这样的顾问委员会，并且都取得了极大的成效。顺便说一句，拥有崇高理想和远大抱负固然很好，但若是找不到恰当的途径来实现理想，这些理想只会变成毫无意义的空谈。有了这十五年的经验，我想我完全可以理直气壮地说，事实证明，顾问委员会乃是一项成功的举措，它是处理儿童问题的最佳工具，它能够把儿童培养成具有社会责任感的良好公民。我当然相信，只要顾问委员会是以个体心理学为理论基础的，那它一定会大获成功。不过我认为，倘若能和其他学派的心理学家合作，这倒也未尝不可。事实上，我一直主张顾问委员会应当融合不同的心理学派，应当综合利用各个学派所得出的研究成果。

顾问委员会的工作程序是这样的：首先要设一位训练有素的心理学家。这位心理学家负责和学校的教师们一起讨论他们在工作中遇到的问题，所以他必须对教师、父母和孩子所面临的问题有丰富的经验。他来到学校之后，教师会向他描述某个孩子的情况和问题——要么是非常懒惰，要么是爱吵闹、逃学、偷窃或者学习落后。这时候，心理学家不仅要把自己的经验告诉教师，还要和教师一起讨论眼前这个问题。他首先要了解这个孩子的家庭生活和性格发展，要了解孩子是在什么样的情况下开始出问题的；然后，他要和教师一起讨论问题的可能成因及解决办法。通常情况下，由于心理学家和教师经验都比较丰富，所以双方很快便能达成一致意见。

心理学家来到学校的那一天，孩子和父母也应该到场。心理学家和教师先要讨论如何与孩子的父母展开谈话、如何对他们施以影响、如何给他们解释孩子失败的原因，决定下来之后，便会把父母请进来。在和心理学家对话的过程中，父母可以提供更多的信息，可以和心理学家一起讨论孩子的问题，而心理学家则会给父母提出各种建议，让他们知道怎样做才能帮助孩子。父母一般很乐意有这种咨询的机会，所以都愿意配合心理学家的工作。但假如父母拒绝合作，心理学家和教师就应该给父母讲一些与这个孩子情况类似的事例，并从中总结出能应用到他身上的结论。和父母交流结束之后，心理学家会把孩子叫进来谈话，谈的内容不应该是孩子所犯的错误，而应该是他所面临的问题。谈话过程中，心理学家要在这个孩子身上找出一些有用的信息，比如，哪些观念和看法在妨碍他健康成长，他是不是相信自己被轻视了而其他孩子得到了偏爱，等等。心理学家不应该责怪这个孩子，而是要同他友好地交谈，从而了解到他的真实想法。如果必须要提及孩子的某个错误，心理学家应该以假设的方式来说，而且讲完之后还要征询孩子对这个问题的看法。按照这个程序做的话，孩子领悟得会很快，他的整个态度也能迅速转变。不了解情况的人要是看到孩子的变化这么大，肯定会大吃一惊的。

我培训过的所有教师都非常喜欢这样的工作方式，都想在以后的工作中将这种方式一直贯彻下去。在他们看来，采用了这种方式之后，与教学有关的一切事情都变得更加有意思了，他们的工作也更有成效了。没有人觉得这种工作方式会增加他的工作量，会让他有额外的负担，因为他只需要用半小时左右的时间就能解决掉困扰自己多年的问题。倘若能采用这种工作方式，用不了多少时间，全校的合作精神就能得到提升，学生们再也不会出什么大问题了，需要教师处理的也只剩下一些小问题了。还有，教师本人也俨然成了半个心理学家，他懂得了要想了解一个人，就要了解这个人的整体人格，要了解人格的各个方面以及各种表现之间的连贯性。这样一来，要是在日常工作中突然碰到了什么问题，他也能独立解决。事实上，这正是我们所希望的——如果所有的教师都能接受心理学培训，那么这个世界上就不需要有什么心理学家了。

举例来说，如果班上有一个孩子非常懒惰，教师便会建议全班展开一场有关懒惰的讨论。讨论刚开始的时候，教师会给孩子们提出一些问题，比如，“懒惰来自哪里?”“为什么有人很懒?”“懒惰的孩子为什么改不掉这个毛病?”“什么东西是非改不可的?”孩子们会围绕这些问题展开讨论，然后得出结论。在整个讨论过程中，懒孩子本人并不知道他就是讨论的对象，但由于讨论的问题正是他所面临的问题，所以他对此也很感兴趣，而且还会从中学到不少东西。如果他受到的只是攻击，那他可能什么都学不到；但如果能让他听一场冷静的讨论，那他就有可能认真思考这个问题，或许还会就此转变观念。

教师整天和孩子们一起工作、一起玩，没有人能像他们那样了解孩子的心灵了。他们见过各种各样的孩子，倘若有丰富的经验，他们就能和每一个孩子建立友好关系。孩子的早期错误是会持续下去呢，还是会得到纠正，这就要看教师怎样处理了。所以说，教师和母亲一样，都是人类未来的守护神，他们为人类所作的贡献是无法估量的。

# 第八课　青春期

## 一、青春期是什么

讨论青春期的书籍非常丰富，可以说是汗牛充栋、数不胜数。在谈到这个话题时，几乎所有的书都将青春期定义为一段能够令个体人格彻底发生转变的危险时期。青春期固然存在许多危险，但它其实并不能真正改变一个人的人格。到了青春期，成长中的孩子会面临全新的境遇和考验，他觉得自己正在靠近人生的最前线。在此之前，他的生活方式中也许还有一些错误是以前未被察觉的——当然，阅历丰富的人应该早就看出来了，现在，这些错误也开始浮出水面了。伴随着青春期的发展，这些错误会越来越突出，越来越严重，以至于人们再也不能无视它们了。

### 1. 心理特征

对所有的年轻人而言，青春期主要就意味着这样一件事：他们必须要证明自己不再是小孩了。我们要是能让处于青春期的孩子们顺其自然地接受这个成长过程就好了。倘若能做到这一点，青春期的许多压力便会烟消云散、不复存在。但是，假如这些孩子坚持要证明自己已经是大人了，那他们肯定会过度强调自己身上的“成年”特征。

青春期孩子的许多行为都源自一种欲望，即想要表现自己的独立性，想要与成人平等，想要具有男子气概或女人味。孩子在青春期的行为取决于他对“长大成人”的理解。假如在他看来，“长大成人”就意味着无拘无束，意味着再也没人管了，那么他会反抗一切约束。其实这一阶段的孩子普遍如此。到了青春期，许多青少年开始抽烟，说脏话或深夜不归；有些则出人意料地反抗起了父母，而当父母看到一向听话的孩子突然之间变得如此桀骜不驯，他们会方寸大乱，不知道孩子究竟怎么了。其实，这并非孩子的态度发生了改变，表面听话的孩子可能一直以来都对父母抱有抵触情绪，但是只有到了现在，当他具备了更多的自由和力量时，才觉得终于可以公开表达自己的不满了。举个例子来说吧。有这样一个男孩，他一直受父亲的压制，但表面上却显得非常顺从。不过，他这样做只是在等待报复的时机。当他觉得自己已经足够强壮的时候，便寻衅把父亲痛打了一顿，之后就离家出走了。

到了青春期，孩子一般都会享有更多的自由和独立，因为父母认为自己不应该再时时刻刻盯着孩子了。然而，假如有的父母确实还想继续紧盯不放的话，孩子必然会想方设法地摆脱他们的控制。换句话说，父母愈想证明他还是个孩子，他就愈想反抗，想证明自己其实已经长大了。在和父母斗争的过程中，孩子会产生一种敌对态度，这就是典型的“青春期叛逆”。

### 2. 生理特征

青春期没有极为严格的年龄界限，它一般指的是从十四岁左右到二十岁左右这个年龄段，不过有些孩子的青春期在十岁或十一岁就开始了。在青春期这一阶段，孩子身体的各部分器官都在不断地成长着，发展着，结果有些孩子便会在协调方面出现问题——他们的个头在长高，手脚在长大，这样他们可能就没以前那样灵活敏捷了。这些孩子需要进行锻炼来提高身体的协调性，但假如在锻炼的过程中遭到嘲笑和批评，他们便有可能相信自己天生比较笨拙。也就是说，当一个孩子的动作受到别人的嘲笑时，他可能真的会变得笨手笨脚。

内分泌腺对孩子的发展也有一定的影响。到了青春期，内分泌腺的活动会变得更加活跃。这当然并不是什么前所未有的全新变化，因为在婴儿时期内分泌腺就很活跃。不过，在青春期，内分泌腺的分泌物更多，第二性征也开始明显起来了——男孩开始长胡须、变声，女孩的体形变得更加丰满、更加女性化。这一切变化都会令青少年倍感困惑。

## 二、成年的挑战

有些孩子尚未做好迎接成人生活的准备，当立业、友谊、爱情、婚姻等成人世界的挑战渐渐逼近时，他们会异常恐慌，觉得自己根本没有能力对付这些问题。和别人在一起的时候，他们一般都害羞而拘谨；他们宁愿与世隔绝、一个人待在家里，也不愿意与他人为伍。在职业方面，他们找不到能够吸引自己的工作，于是便相信自己可能会一事无成。在爱情和婚姻方面，一旦有异性在身边，他们便局促不安，不敢面对人家；倘若有异性同他们说话，他们更是面红耳赤，张口结舌。结果，他们会越来越没信心，会越来越绝望。

如果发展到最严重的地步，这类人便完全没有能力应付生活中的任何问题，而别人也没法儿理解他们；他们不和别人对视，不和别人说话，也不听别人说；他们不工作，不学习，整日沉湎于幻想世界；他们唯一懂得的就是一些粗鄙的性活动。这些都是精神分裂症的病症。不过话又说回来，精神分裂症实际上是由错误的生活方式引起的。假如能对这样的孩子予以鼓励，让他们明白自己走的那条路是歧途，并给他们指出一条更好的路，那我们就能治好他们的病。这其实并不是件容易的事儿，因为我们必须要将孩子所受过的教育全部都矫正过来，我们必须要让孩子从更客观、更科学的视角来看待他们的过去、现在和未来，要让他们抛掉自己那套不正确的个人逻辑。

孩子到了青春期之所以容易出问题，是因为他在人生的三大任务方面缺乏足够的训练。假如孩子对未来心存恐惧或是抱着悲观的态度，他自然就会千方百计地避重就轻，试图用自以为最轻松的办法来解决问题。然而结果是，这些办法虽然轻松，却起不到什么效果。这样的孩子受到的命令、劝诫和批评越多，就越觉得自己站在了危险的深渊边上；我们越往前推他，他就越往后退。除非我们能让他受到鼓舞，让他信心大增，否则，无论采取什么样的方式来帮助他都是无济于事的，甚至还有可能给他造成更深的伤害。倘若他如此悲观，如此忧惧，我们又怎能指望他知难而上，想尽各种办法去解决问题呢？

## 三、青春期的一些问题

### 1. 被惯坏的孩子

有许多在青春期出问题的人幼年时期都是被惯坏了的孩子。不难看出，对于那些已经习惯于事事依赖父母的孩子来说，渐渐逼近的成人责任无疑会是一种特别的压力。他们希望一直受到宠爱，但随着年龄的增长，他们发现自己不再是众人瞩目的中心了，于是便觉得生活欺骗了自己，辜负了自己。可以说，他们就像是温室里的花朵，室外的空气对他们来说太凛冽刺骨了。

## 2. 留恋童年

在青春期，有一些年轻人仍然想继续当小孩，他们永远都不想长大。这一点从他们的日常表现就可以看出来。他们用孩子气的腔调说话，和比自己小的孩子一起玩，声称自己能永远这样天真烂漫。不过，绝大多数人在青春期都会竭力效仿成人的做派。当他们底气不足、缺乏信心的时候，便会摆出一副成人的样子——模仿成人的举止，喜欢大手大脚地花钱，开始调情，谈恋爱。

## 3. 犯罪

在青春期，有些问题比较棘手，那就是，假如孩子还没有学会如何应对人生中的问题便频频往外跑，参加许多娱乐社交活动，那他会很容易走上犯罪道路；假如他曾经做过坏事却未被发觉，那他有可能会觉得自己够聪明，下次要是再做坏事的话照样可以做到掩人耳目，这样一来，他就很有可能走上犯罪道路。犯罪是逃避人生问题——尤其是谋生问题——的一个捷径，所以，在十四岁到二十岁这个年龄段，青少年犯罪率会急剧上升。但这并不是什么新问题，而是孩子生活方式中早已存在的那些缺点在更大的压力下暴露出来的结果。

## 4. 神经症行为

对于性格不怎么开朗活跃的孩子来说，能轻松逃避人生问题的途径便是神经症。在青春期，有许多孩子会患上机能失调和神经性疾病。他们之所以会患上这样的病症，原因只有一个，那就是，这些病症给他们提供了一个很好的理由，可以让他们在顺利逃避某些人生问题的同时，还能保持原有的个人优越感。当一个人碰到某些自己尚未学会如何按照社会要求来解决的问题时，便有可能生出神经症症状。这是因为人处于困境的时候一般都会在生理上产生高度紧张感。而在青春期，人的身体结构对这种紧张感特别敏感，所有的器官都会因此而受到刺激，整个神经系统也不可避免地会受到影响。在那些犹豫不前的失败者看来，这种生理现象毫无疑问会是一个很管用的借口。于是，无论是私下里还是在别人面前，这些人都会以身体不适为由，认为自己可以不用承担任何责任。这就是神经症形成的全部过程。

每一个神经症患者都声称自己明白事理，一心向善。他们十分清楚，作为一个人，必须要有社会感，必须要正视人生问题。然而，一旦到了自己身上，他们便想方设法地要逃避这种普遍要求，他们用的借口就是神经症。他们这样做就好像是在说："我也想要解决所有的问题，但遗憾的是，我心有余而力不足啊。"这一点是他们和罪犯的不同之处。罪犯的不良企图一般都是完全公开的，而且也看不出罪犯有什么社会感。在这两类人当中，很难说谁对人类利益的危害更大。神经症患者倒是没什么坏心眼，但其行为却透着恶意和自私，结果就会妨碍人与人之间的合作。至于说罪犯，他们则毫不掩饰自己的敌意，并且还煞费苦心地将内心残余的那点儿社会感打压下去。

## 5. 逆转

到了青春期，孩子在此前所形成的某些倾向有可能会发生大逆转。比如，被寄予无限厚望的孩子突然之间应付不来他们的学习和工作了，而以前看似资质平平的孩子则开始超过他们，表现出了意想不到的才华。其实这与之前的情况并不矛盾。一个很有前途的孩子或许总是担心辜负别人对自己的期望，于是他可能会因此而背上过于沉重的思想负担；或许他只有受到了支持和赞赏才能前进，结果一旦到了需要独立奋斗的青春期，他便失去了信心，从而畏缩不前。而在新近到来的自由面前，有些孩子则可能大为振奋。他们清楚地看到眼前出现了一条通往理想的大道；他们心中充满了新想法、新计划；他们的创造力突飞猛进；他们对人类生活的各个方面都充满了好奇心，都怀有无比的热情。他们都是勇往直前的孩子，对他们而言，独立所代表的并不是困难，不是鲁莽的冒险，而是更多的成功机会，是更广阔的奉献天地。

### 6. 寻求表扬和赞赏

在青春期之前，有些孩子可能一直觉得自己被轻视了，被冷落了；到了青春期，这样的孩子如果和别人相处得很好，他们就会盼望别人能欣赏自己，他们中的许多人甚至非常醉心于追求别人的欣赏。对于男孩来说，过于注重寻求表扬是相当危险的。而许多女孩非常缺乏自信，她们甚至把争取别人的赞许和欣赏看做是能够证明自身价值的唯一途径。这样的女孩很容易成为男人的猎物，尤其是那些善于恭维她们的男人。我见过不少女孩，她们觉得家里人都不欣赏自己，于是便开始和异性发生性关系。她们这样做不仅是要证明自己已经长大成人，还出于一种虚荣心，希望以此获得别人的欣赏，成为众人瞩目的焦点。

我来举一个十五岁女孩的例子。这个女孩出身贫寒，有一个哥哥。小时候，哥哥常常生病，母亲不得不把大部分的注意力和精力放在他身上，所以没能好好照顾这个女孩。此外，在她很小的时候，父亲也病了。照顾父亲又占去了母亲不少精力，这样一来，母亲照顾她的时间就更少了。

看到母亲如此精心地照顾哥哥和父亲，这个女孩懂得了被人关心意味着什么，所以她一直都渴望着能够得到别人的关心，可是家人却都无暇顾及她。后来，她妹妹出生了，这时父亲虽然已经康复，但母亲又把全部精力放在了妹妹身上。结果，这个女孩觉得自己是家里唯一一个没有得到爱和温情的人。不过，她还是坚持了下来。在家里，她表现得非常好；在学校，她是最优秀的学生。由于成绩优异，父母认为她应该继续读书，并让她上了一所高中——但那里的老师对她一无所知。刚开始，她不了解这所新学校的教学方式，功课不由得就落后了；老师为此而批评了她，结果她就逐渐失去了信心。她那么渴望得到别人的欣赏，要是发现在家里和学校都不能如愿以偿的话，她该怎么办呢？

她环顾四周，想找一个能欣赏她的男人。经过几次尝试之后，她离家出走，和一个男人同居了十四天。家里人非常担心她，想方设法地去找她。不过结果不难想象，她很快便发现那个男人并不是真正欣赏自己，于是她开始后悔做了这件事。

接下来，她想到了自杀。她给家里送了一张便条，上面写着："别替我操心了，我已经吃了毒药，我非常快乐。"事实上她根本就没有服毒。她这样做倒也不难理解，因为她知道父母其实很在意她，知道自己还能博得他们的同情。她最终没有自杀，而是一直等到母亲来找她，把她带回了家。要是这个女孩能早点儿知道我们所分析的这些东西就好了，要是她能早点儿明白自己的努力目标无非是为了要得到别人的欣赏就好了，那样的话就不会发生这些事情了。要是高中老师能理解她就好了，这样也可以防止问题的发生。以前，这个女孩的学习成绩一直相当优秀。假如那个高中老师当时能注意到她很在乎成绩，假如老师在处理这件事的时候能三思而后行，那她就不会一蹶不振了。

还有一个例子。有一个女孩，其父母性格都很软弱。母亲一直想要个儿子，对女儿的出生感到非常失望。她本人低估了女性的作用，女儿肯定也感觉到了这一点。这个女孩不止一次听到母亲对父亲说："这姑娘一点都不讨人喜欢，长大以后一定没人喜欢她。"或是说："她越来越大了，我们拿她怎么办呢？"这就是她的生活环境，应该说非常不利于她的成长。大约在十岁那年，她发现了一封母亲朋友的来信。为了安慰母亲只有一个女儿的遗憾心情，这位朋友在信中劝母亲说她还年轻，还有机会再生一个儿子。

不难想象这个女孩看到信会有什么样的感受。数月后，她到乡下看望一位叔叔。在那里她遇到了一个笨头笨脑的乡下男孩，并且成了他的情人。后来男孩离开了她，而从那以后她就一直保持着这种作风。当我见到她的时候，她已经有一大堆男朋友了，但没有哪一段关系能让她觉得自己受到了珍视。她来我这里求诊，因为患上了焦虑性神经症，独自一人不敢出门。她若是对某种获取欣赏的方式不满意，便会尝试另外一种方式。现在，她开始利用自己的病痛在家里作威作福了。她要求家人不能擅自行事，除非得到她的允许；她还哭着威胁说要自杀。要让这个女孩认清自己的处境，要让她相信自己在青春期过于在乎被人拒绝的感受，还真不是件容易的事儿。

## 四、青春期的性问题

在青春期，为了证明自己已经长大，男孩和女孩都会过度重视并夸大性关系。比如，倘若一个女孩在反抗母亲，而且她一直深信自己在家里受到了压制，那么，为了表示抗议，她会经常和所遇到的任何男人发生性关系；她根本不在乎母亲发现了没有。事实上，如果能让母亲为此而担忧，那她才高兴呢。我们可能经常会看到这样一种现象：某些女孩在和父母吵了架之后，便会跑出家门，和她遇到的第一个男人发生性关系。这些女孩往往都是公认的好孩子，非常有教养，可谁也不曾想到她们会做出这种事来。不过，她们这并不是什么十恶不赦的罪孽，只是说明她们尚未对人生做好准备罢了。她们觉得自己被忽视了、被小看了，认为只有这样做才能占上风，才能取得优势。

### 1. 男性抗议

许多被惯坏了的女孩觉得自己难以适应女性角色。我们的文化总给人留下这样一个印象：男性优于女性。结果，这让某些女孩对自己的女性身份产生了反感，她们的这种反感便是我所提出的“男性抗议”。“男性抗议”可以体现在各种各样的行为中。有的女性可能会讨厌并回避男性。有的尽管非常喜欢男性，可一旦和人家待在一起，却又表现得局促不安，说不出话来；她们不愿意参加有男性在的聚会，碰到与性有关的问题时往往会感到十分不自在；随着年龄的渐长，她们通常会声称自己非常渴望结婚，但实际上，她们却压根儿不接近异性，不同异性交朋友。

对女性身份的厌恶在青春期有可能表现得更为强烈。到了青春期，女孩的举止会显得比以前更男孩子气一些；她们可能会竭力模仿男孩的行为，尤其是一些恶习，如抽烟、喝酒、骂脏话、拉帮结伙、吹嘘自己的性开放，等等。她们理直气壮地认为，假如不这样做，男孩便不会对她们产生兴趣。

对女性身份的厌恶若是再进一步的话，便会发展出女同性恋、性变态和卖淫等行为。所有的妓女从小时候起就深信没有人喜欢她们，她们相信自己天生就是一个卑微的角色，根本无法赢得任何男子的真情和好感。不难理解，在这种情况下，她们很容易自暴自弃，她们会轻视自己的性别角色，认为女性身份只不过是一种赚钱的手段而已。由此可见，对女性身份的厌恶并不是从青春期才开始的，而是要更早。这类女孩从很小的时候起便一直讨厌当女孩，只不过那时候她们的这种想法既无表达的必要，也没有表达的机会。

并非只有女孩才有“男性抗议”情结；但凡有谁认为男性的地位要比女性高得多，那么这个人就会将男子气概视为理想，就有可能怀疑自己是否足够强壮，是否有能力实现这一理想。就这样，在我们的文化中，过于重视男子气概的倾向不仅困扰着女孩，也会给男孩带来同样的困扰，尤其是在他们对自己的性别角色尚未有明确认识的时候。老实说，许多孩子长到好几岁时还将信将疑，觉得自己的性别不知哪天可能会发生变化。因此，我们应该让孩子从两岁起就明确地认识到自己是男孩还是女孩，这一点至关重要。

外表长得非常女性化的男孩往往会有一段极其难过的经历——陌生人有时会弄错他的性别，即便是亲友也会时常对他说："你真应该是个女孩！"这样的孩子有可能认为长相就是自己的缺点，并且认为爱情和婚姻问题对自己来说肯定是一项严峻的考验。男孩若是对自己的性别角色缺乏信心，他在青春期便会有模仿女孩的倾向。他的言行举止娘娘腔十足，而且还会染上娇生惯养的女孩才会有的某些恶习，如爱慕虚荣、搔首弄姿、任性骄纵，等等。

### 2. 形成期

一个人对异性的基本态度是在其生命中的最初四五年形成的。在婴儿刚出生的头几个星期里，性冲动便已崭露头角了；但是，在它找到适当的发泄途径之前，我们绝对不应该刺激它。假如性冲动没有受到刺激，那么它无论有什么样的表现都是自然的，我们若是看到了也不必大惊小怪。比如，倘若我们看到一岁的小孩对自己的身体很好奇，有时候甚至还会摸自己，这倒也不必担心；不过，我们应该对他施以一定的影响，应该与他合作，将他对自身的兴趣引向周围的世界。

假如很难制止孩子的这种自我满足行为，那就是另外一回事了。可以肯定的是，这个孩子别有用意；他这样做并不是受性冲动的驱使，而是想借此来达到自己的目的。一般说来，孩子的目的无非是要吸引别人的注意。他能感觉到父母会为此而担惊受怕，也懂得如何利用父母对自己的紧张。因此，倘若让他觉得自己的习惯再也不能引起人们的注意了，他便会主动放弃这个习惯。

与孩子接触的时候一定要小心谨慎。父母可以和孩子亲密地拥抱亲吻，只要不刺激到孩子的生理反应就行。此外，有些孩子曾经告诉我，成年人在回忆童年时也会提到——他们在父亲的书房发现黄色书籍和影片时会感到异常兴奋。所以我们最好让孩子远离这类书籍和电影。假如我们不在性方面刺激孩子，那就能避免许多问题。

我之前还提到过另外一种形式的刺激，即大人们非要告诉孩子许多他们目前并不需要了解，也不适宜了解的性知识。不少成人好像非常热衷于性教育，他们生怕孩子长大以后在这方面愚昧无知。看看我们自身的经历，再看看其他人，大家应该很清楚，这些人所担心的可怕后果是不可能发生的。因此，我们最好等到孩子本人对此感到好奇的时候，等到孩子主动想了解这类事情的时候，再告诉他。假如父母够体贴，够细心，那么纵使孩子不说，他们也能洞悉孩子的好奇心。假如孩子与父母的关系友好而亲密，他就会主动问他们；而父母这时候应当尽量给孩子讲一些他能理解、能吸收的东西。

还有，当着孩子的面，父母之间最好不要有过分亲热的举动。如果有可能，孩子最好不要和父母睡在同一个房间里，睡在一张床上就更不用说了；并且，他（她）最好也不要和自己的姊妹（兄弟）睡在同一个房间里。父母应该密切留意孩子的成长过程，绝不能掉以轻心。倘若他们不了解孩子的性格特征，不了解孩子的发展倾向，那么便无从知晓孩子可能会受到什么样的影响。

## 五、对青春期的预见

人们普遍认为，在人的一生中，任何一个发展阶段都具有鲜明的特点，都是起决定作用的人生转折点。比如，几乎人人都相信，青春期是一段非常特殊的、独一无二的时光，更年期也一样。然而，人生的这些阶段只不过是生命的一段段延续过程而已，它们其实并不会发生多么急剧的变化，其间的各种现象也没有什么举足轻重的意义。也就是说，重要的并不是人生的各个阶段，而是一个人对每个人生阶段有什么样的期待；他是如何看待这些阶段，如何学会去面对这些阶段的。

青春期刚开始的时候，孩子通常会大为恐慌，就好像碰到了妖魔鬼怪似的。假如我们能够认清这种反应的本质，便会明白孩子所担心的绝对不是青春期出现的一些生理现象，而是新环境对他提出了要求，要求他在生活方式上做出适当的调整。不过，问题就出在了这里——孩子往往会因此而相信青春期意味着之前的一切都结束了，所有的价值和意义全都留在了过去；没有人再需要他，所以他再也不应该合作、再也不应该奉献了。可以说，青春期的所有问题都是由这类感觉和担忧引起的。

假如孩子已经学会了要将自己当做一名与他人平等的社会成员，已经明白了为社会作贡献是自己责无旁贷的任务，尤其是假如他已经学会了将异性视为平等的合作伙伴，那么，青春期带给他的便是一个机会，可以让他从此开始思考成人世界的各种问题，思考自己怎样才能独立解决这些问题。而假如孩子觉得自己不如别人，假如他对环境抱有错误的认识，那么很显然，他对青春期的自由还没有做好充分准备。假如孩子总要在别人的教促下才能完成自己分内的事儿，假如他一独立做事便踌躇不决，畏缩不前，从而一事无成。那么，他在别人设置好的环境中或许能如鱼得水，而一旦遇到需要自由发挥的情况，他便茫然不知所措。

# 第九课　犯罪及其预防

## 一、理解犯罪心理

个体心理学不但能帮助我们分辨出各种不同类型的人，而且还能让我们明白一个道理，那就是，尽管人可以被分为各种各样的类型，但人与人之间的差异其实并没那么显著。比如，个体心理学发现，罪犯的种种错误行为本质上与问题儿童、神经症患者、精神病人、自杀者、酗酒者以及性变态的错误行为属于同一类型；他们在面对人生问题时都采取了不正确的处理方式；并且，他们都有一个显著的毛病，那就是缺乏社会感，对其他人漠不关心，这是导致他们失败的根本原因。然而，即便如此，我们也不能说这些人与普通人截然不同。在这个世界上，没有任何一个人能够在与他人合作的过程中做到完美无缺，也没有任何一个人能够拥有完美无缺的社会感，因此我们只能说，罪犯与普通人之间没有什么根本性的区别，他们唯一的区别就在于失败的轻重程度不同。

### 1. 追求优越感

要想了解罪犯，我们首先要认识到罪犯都有一个显著的倾向，那就是，他们希望能征服一切困难；他们所有的努力都是为了一个目标——让自己显得强大、优越、完美。而事实上，我们每个人身上都带有这一倾向，在这一点上，我们与罪犯没什么不同。人们通常把这种倾向称为对安全感的追求——此提法相当准确；也有人将之称为对自我保护的追求。不管怎样命名，有一个事实始终不变，那就是，我们每个人的一生都贯穿着这样一个主题——从卑微奋斗至卓越，从失败奋斗至胜利，从下游奋斗至上游。这一主题从我们刚一出生就开始了，一直要持续到生命结束为止。也就是说，一个人只要活着，他就在不断地努力，不断地跨越重重障碍，克服种种困难。因此，若是看到罪犯也是这样一直在努力，在奋斗，我们倒也不必感到惊讶。

罪犯的一切行动和态度都体现出他在努力追求优越感，在努力解决问题、克服困难。他与普通人的不同之处并不在于努力奋斗本身，而是在于努力奋斗的方向。罪犯之所以选择错误的奋斗方向，是因为他不懂得社会对人的要求，不懂得关心其他人。假如能认识到这一点，那我们便会发现罪犯的所有错误行为都是有原因的，是可以理解的。

### 2. 环境、遗传和改变

在此我想特别强调一下，罪犯与普通人之间没有什么本质区别。不过，有些人并不是这样想的，他们认为罪犯是异类，与普通人完全不一样，根本不正常。比如，有些科学家宣称所有的罪犯都心智迟缓；另一些人则非常看重遗传的作用，认为罪犯天性邪恶，注定要犯罪；还有一些人相信“只要犯过一次罪，便会一直犯下去”。我们当然不会认为这些观点是正确的，因为现在我们有相当多的证据可以反驳它们；更重要的是，倘若接受了这些观点，我们就再也没有机会解决犯罪问题了。从人类历史上来看，犯罪一直都具有很大的破坏性，可以说它就是一种人祸。我们必须尽快终止这种人祸，必须在这方面有所行动，绝不能把它搁在一边不闻不问，然后轻巧地说："这都是遗传造成的，我们一点办法都没有。"

无论是环境还是遗传，都不可能对人的发展起决定性作用。在同一个家庭或同一个环境中成长起来的孩子，其发展很有可能迥然不同。有的罪犯出身于声誉清白的家庭；而在那些把出入监狱和劳教所当成家常便饭的声名狼藉的家庭里，我们有时也能发现品学兼优的孩子。此外，还有一些罪犯后来会痛改前非。为什么一个强盗在将近三十岁时会想到金盆洗手，重新做人？对于这个问题，犯罪心理学家往往也很难解释清楚。假如就像某些人所说的那样，犯罪倾向是一种先天性缺陷，或者是在幼年时期就已经形成了的无法改变的错误，那么罪犯痛改前非的现象确实令人难以理解。然而，在个体心理学看来，罪犯有这样的改变一点儿都不奇怪。或许他的处境有了好转，没有什么人再逼着他去干坏事了，而他也已经彻底改掉了错误的生活方式；或许他已经通过以往的犯罪经历得到了想要的一切，因而不再把犯罪当做人生目标了；或许他渐渐衰老发胖，关节僵硬，没有以前那样灵活，所以不再适合继续做强盗了。

### 3. 幼年时期的影响和罪犯的生活方式

改造罪犯的唯一办法是要找出他幼年时期发生了哪些事情，看看这些事情是如何妨碍了他学习合作的进程。这是一个全新的研究领域，而个体心理学已经率先在这方面取得了一些研究成果，就仿佛是在黑暗的大地上投下了一束光明，让我们眼前一亮，茅塞顿开。到了五六岁的时候，孩子的心灵就已经发展成了一个整体，其人格结构也建立了起来。遗传和环境对他的发展会产生一定的影响，但个体心理学关心的并不是他与生俱来的那些东西，也不是他所经历的那些事情，而是他运用这些东西和事情的方式，是他怎样看待、处理它们的。在这方面开展研究是相当有必要的，因为我们根本无法确认遗传究竟会给人带来哪些东西。简而言之，我们重点要研究的就是一个人生活环境中的各种潜在可能性，以及他是如何充分利用这些潜在可能性的。

罪犯之所以走上犯罪道路都是有原因的，其根本原因就在于他们缺乏符合社会要求的合作能力。在这一点上，父母应该负主要责任，尤其是母亲。母亲必须懂得如何拓宽孩子的兴趣，如何将孩子的兴趣扩展到其他人身上；必须要让孩子对人类社会感兴趣，对自己的未来人生感兴趣。但是，或许是因为这位母亲并不想让孩子接近其他人，或许是因为她的婚姻不太美满——要么是夫妻二人关系不和，要么是他们正在考虑离婚，要么是他们彼此嫉妒，结果，她有可能希望孩子只属于自己，她会娇惯他，溺爱他，不给他任何独立自主的机会。显而易见，在这样的环境中，合作能力的发展空间是很有限的。

假如父母能一视同仁地对待孩子，那么孩子对其兄弟姐妹就会抱有好感。这对孩子社会兴趣的发展非常重要。在一个家庭里，假如有哪个孩子最受母亲的宠爱，其他孩子便极不愿意和他好，总想排斥他；而假如这个孩子无法接受兄弟姐妹们的不友好态度，他就有可能从此踏上犯罪的道路。假如一个家庭里有一个孩子的能力非常突出，那么另一个孩子往往有可能成为问题儿童。比如，次子若是很乖巧，很讨人喜欢，相形之下，长子便会觉得自己应得的爱被剥夺了。这样的长子很容易自欺欺人，他总感觉自己被忽视了，而且还会千方百计地寻找证据来证明自己的感觉是对的。他会越来越坏，而他的行为必然会招来更为严厉的对待。结果，这让他更加坚信，别人都在反对他，排斥他。举个例子来说，他的心路历程和行为轨迹大致应该是这样的：因为有了被剥夺感，所以他一怒之下便开始偷东西；后来被发现了，他当然会受到应有的惩罚；如此一来，他就更有理由相信没有人爱他，相信人人都在和他作对。

假如父母总在孩子面前抱怨生活艰难、环境恶劣，便会阻碍孩子社会兴趣的发展；假如他们总是指责亲戚或邻居，总是批评别人，对别人总是心怀恶意或抱有偏见，这同样也不利于孩子社会兴趣的发展。可以想象得到，他们的孩子长大后很有可能会戴着有色眼镜去看别人，甚至到最后还会反抗自己的父母。社会感一旦受到阻碍，剩下的就只有以自我为中心了。这样的孩子常常会想："我做事跟别人有什么关系？"倘若抱有这样的态度，那么当他在生活中陷入困境的时候，必定会犹豫不前，试图找一个轻松的出路。此外，他认为奋斗是艰苦的，是不讲情面的；在奋斗过程中倘若伤害到了别人，他也毫不在乎，因为他认为这就是战争，在战争中任何事情都有可能发生。

下面我们来看几个例子，看看罪犯都是如何炼成的。有一家的次子是个问题儿童。就我们所知，这个孩子非常健康，没有任何遗传性缺陷。他哥哥在家里最受宠，而他一直在坚持不懈地努力着，就像是在比赛中拼命要超过前面的对手那样，他想要赶超哥哥的成就。他的社会感发展得不怎么样——他对母亲非常依赖，竭尽全力地想从她身上得到一切。对他来说，同哥哥竞争是一项很艰难的任务，因为哥哥在学校里一直名列前茅，而他则老是垫底。

他想要控制、支配别人的欲望非常明显。过去他经常对家里的一个老佣人发号施令，让她满屋子走来走去，像训练士兵一样训练她。这个女佣很疼爱他，老惯着他，甚至在他二十岁的时候还让他扮将军玩。他一想到自己要完成的那些工作就发愁，有时候甚至还会被吓得紧张不堪，但到最后他却哪件事都没做成。遇到困难时，他总是求助于母亲。尽管这样做会受到指责和批评，但他总能从母亲那里得到钱。

他结婚结得很突然，这让他的问题变得更严重了。不过，他唯一在乎的就是自己比哥哥结婚早，在他看来，这证明在和哥哥的竞争中他赢了。他竟然只想靠这种荒谬可笑的方式来赢取胜利，这表明他对自己其实没多大信心，对自身价值的估计也非常低。他还没有为婚姻做好准备，所以经常和妻子吵架。当母亲不能再像以前那样资助他的时候，他订购了一架钢琴，没有付款就又转售了出去，这件事让他进了监狱。从这个人的故事中我们可以看出，造成他目前这种生活状态的根源就在于他的幼年生活。他是在哥哥的阴影下长大的，哥哥就像一棵大树，遮住了这棵小树的阳光，于是他觉得与性情温和的哥哥相比，自己明显被轻视，被冷落了。

我要举的另一个例子是关于一个十二岁女孩的。这个女孩心气儿很高，而且被父母惯坏了。她非常嫉妒自己的妹妹，无论是在家里还是在学校，她都明显地流露出对妹妹的敌意。她一直防备着妹妹受到偏爱、得到更多的糖果或钱。有一天，她偷了同学的钱，被发现后受到了惩罚。结果，这让她更加相信自己不如妹妹受宠。幸好我把事情的前因后果向她做了解释，从而打消了她的这种想法。与此同时，我也给她的家人说明了这些情况，于是他们就设法制止了这类对抗，并竭力避免给她造成妹妹更受偏爱的印象。这已经是二十年前的事了。如今这个女孩是一位非常诚实的女士，结了婚，有一个孩子；而且，从那件事以后，她的人生再也没有出过什么大错。

### 4. 罪犯的人格结构

在第一章里，我已经讲过有哪些因素会妨碍孩子的发展，但是说到这一点，我在此还想简单地重申一下。之所以要着重强调这个问题，是因为假使个体心理学的结论是正确的，那么只有认清这些对罪犯的思想产生怎样影响的因素，我们才能真正帮助罪犯提高合作能力。总体来看，有三类孩子的问题特别严重，他们是有生理缺陷的孩子、娇生惯养的孩子和被忽视的孩子。

为了弄清楚罪犯的人格结构，我一直在研究我所接触过的罪犯，也在研究书籍报刊上登载的有关犯罪事件的描述。在此过程中，我深有体会，觉得个体心理学乃是打开人格大门的一把钥匙。为了进一步说明这一点，我再来举几个例子。

（1）康拉德（Conrad K）案。这个男孩在一个男人的帮助下谋杀了自己的父亲。他父亲从不关心他，对他非常残酷，对全家人也很粗暴。有一次男孩还手打了父亲，父亲竟然把他告上了法庭。法官说："你父亲太凶了，而且动不动就吵架，实在拿他没办法。"请注意，法官本人在这里为男孩的行为提供了一个理由。

全家人想方设法要摆脱父亲这个大麻烦，但怎么都摆脱不了，他们都绝望了。后来，父亲竟然把一个品行不端的女人带回来同居，还把儿子赶出了家门。这期间男孩认识了一个临时工。这个人喜欢残暴血腥的东西，他劝男孩杀掉父亲。由于母亲的缘故，男孩犹豫不决，但情况却越来越糟。经过一番长久的考虑，男孩痛下决心，在这个工人的帮助下杀死了父亲。

在此我们看到，这个男孩甚至不能把他的社会兴趣扩展到自己的父亲身上；他一直都深深地依恋着母亲，并且非常尊敬母亲。然而，在毁掉自己残存的那点儿社会兴趣之前，他需要有人支持他，告诉他一个可以这样做的理由。于是，当他从残忍的临时工那里获得了支持以后，便在盛怒之下杀死了父亲。

（2）玛格丽特·斯万齐格（Margaret Zwanziger），又称"著名的投毒者"。她是个弃儿，身材瘦小而畸形。从个体心理学的角度来看，畸形的身体使她深受刺激，从而产生了强烈的虚荣心，渴望吸引别人的注意。除此之外，她言行举止彬彬有礼，这一点倒是很招人喜欢。

她喜欢激动人心的奇遇，但每次奇遇最后都令她伤心欲绝。于是她就下了三次毒，企图毒死别的女人，把人家的丈夫据为己有。她有着强烈的被剥夺感，但想不出其他办法来“夺回自己的东西”。为了抓牢这些男人，她曾假装怀孕，也曾试图自杀。在自传中（很多罪犯都热衷于写自传），她写道：“每当做坏事的时候，我便想：‘没有人可怜过我，那我为什么要在乎别人难不难过呢?’”她自己也说不清为什么要这样想，但她的这种想法却无意中证实了个体心理学的观点。

从这些文字中我们能够看出她是如何一步步走上犯罪道路的，是如何激励自己在这条路上继续走下去的，还有，她是如何为自己的行为辩解的。当我建议大家要与他人合作、要培养对他人的兴趣时，常常会听到这样一种说法：“可是别人对我没什么兴趣呀!”我的回答是：“总要有人先开头的。别人若是不肯合作，那并不是你的事。我建议你先开个头，不要担心别人是否肯合作。”

（3）N·L是家里的长子。他的教养极差，有一只跛足。他在弟弟面前总是扮演着父亲的角色。这种倾向通常代表的是一种优越感目标，它乍看起来或许是有益的，但也有可能表达的是一种骄傲和夸耀的欲望。后来，他嚷嚷着：“滚出去！你这个老怪物。”把母亲赶出了家门去沿街行乞。

我们真应该替这孩子感到悲哀，他甚至对自己的母亲都没有感情。要是能了解他的儿时生活就好了，那样我们便能看出他是如何一步步走上犯罪道路的。他失业了很长一段时间，没有钱，并且还染上了性病。一天，他出去找工作，结果一无所获。回家途中，为了抢夺弟弟那点儿可怜的收入，他杀死了弟弟。在此我们可以看到妨碍他与人合作的几个因素——没工作，没钱，却有性病。其实，我们每个人都会面临一些自己无法跨越的障碍，但每个人对待自身障碍的态度是不一样的。

（4）有一个孤儿，后来被领养了。养母非常溺爱他，简直到了令人难以置信的地步。结果，他被宠坏了，极为顽劣。他精于算计，总想给人留下深刻印象，也总想独占鳌头，高人一等。养母不但鼓励他，而且还完全被他的魅力迷住了。后来，他成了一个撒谎精、一个骗子，骗起钱来不择手段。由于养父母沾点儿贵族血统，他便摆出一副贵族的派头，大肆挥霍养父母的家财，最后还把他们赶出了自己的家。

错误的教育和骄纵溺爱惯坏了他，没能让他学会脚踏实地地生活，却使他相信人生就是要用撒谎和欺骗这样的聪明手段来战胜别人。他的养母爱他胜过爱自己的丈夫和亲生孩子，这种待遇使他觉得自己有权利得到一切。可是，他又觉得用正当手段难以获取成功，这恰恰表明他对自身价值的评估并不高。

### 5. 犯罪、精神失常和怯懦

在做进一步讨论之前我要先澄清罪犯都是疯子这一说法。尽管有一些精神病人会犯罪，但他们的犯罪性质完全不同。我们并不认为精神病人应该对自己的罪行负责任，因为他们之所以犯罪，完全是由我们不理解他们并错误地对待他们所造成的。

同样，我们也必须排除心智不健全的人，因为这样的人只不过是那些犯罪主谋手里的工具而已。他们通常头脑简单，容易受人利用。利用他们的人为他们描绘出了一派辉煌的前景，激起了他们的贪欲和野心，自己则藏在幕后，让这些容易上当的牺牲品去犯罪，去冒险或者去受惩罚。当然，倘若年轻人被经验丰富的老手利用，也会发生同样的事——老手谋划整个犯罪过程，然后诱使年轻人去执行他的计划。

事实上，所有的罪犯都是懦夫，都在逃避他们觉得自己无力解决的问题。从他们所犯的罪行中，从他们对待人生的方式上，我们都能看出他们的怯懦来。他们隐藏在黑暗僻静的地方，出其不意地袭击受害者，乘受害者还来不及自卫的时候，先亮出了武器。罪犯一般都认为自己很勇敢，但大家不应该这么想，不应该被他们的自以为是所迷惑。犯罪行为其实是懦夫模仿英雄的表现。罪犯所追求的是假想的个人优越感目标，他们乐于相信自己就是英雄，但这是一种错误的、不合常理的人生观。我们十分清楚罪犯其实就是懦夫。倘若罪犯得知我们把他们的本质看得一清二楚，那他们肯定会大受打击。

一想到自己能瞒天过海骗过警察，罪犯便会扬扬自得，不可一世。他们常常会想："警察永远逮不到我。"遗憾的是，如果详细调查一下某个罪犯的犯罪生涯，我相信，他一定有许多罪行是没被发现的。倘若真的被警察逮到了，罪犯往往会想："这次我不够聪明，下次一定要瞒过他们，要比他们更聪明。"而倘若他们侥幸逃脱了，便会觉得实现了自己的目标，自以为很了不起，而且还会受到同伙的尊重和推崇。我们需要打破罪犯既勇敢又聪明的神话，这一点非常重要。但是，该从何处入手呢？答案是：我们可以在家里、在学校、在收容所开展这项工作。至于如何抓住最佳切入点，以后我会讲到这个问题。

## 二、罪犯类型

罪犯一般可以分为两类。有一类罪犯很清楚人世间确实存在着友情这个东西，但却从未体验过。这类罪犯通常对别人充满敌意，觉得自己不被人重视、受到了排挤。另外一类罪犯是被惯坏了的孩子。我常常在囚犯的自白中注意到这样的抱怨："我犯罪是因为妈妈太惯我了。"这种现象的确值得我们好好讨论一番。不过，我之所以在此提到这种现象，只是想强调一个事实——尽管罪犯的教育背景各不相同，但他们有一个共同点，那就是，他们都没有学会如何与人合作。

父母本来也想把孩子教育成好人，但他们不知道具体该怎样去做。倘若一味地独断专行，严厉苛刻，这样肯定教育不好孩子。而倘若一味地溺爱孩子，总是让孩子站在舞台的中心当主角，孩子便有可能产生“我存在，所以我重要”的想法，认为自己无须付出任何努力就能赢得别人的赞誉。结果，这样的孩子不但会失去顽强奋斗的能力，而且还总想着要吸引别人的注意，总是期待着要得到些什么。那我们就不难理解，当他无法轻轻松松地达成愿望的时候，自然就会怪这个，怪那个，把一切责任都推在别人身上。

## 一些案例

现在我们来探讨几个案例，看看是否能够证实刚才所讲的那几点。顺便说一下，这些案例都引自别的书刊资料，并不是专门为我们这里的讨论所写的，所以有些地方描述得可能不够详细。

我要举的第一个案例是“冷血约翰”的案子，出自谢尔登（Sheldon）和艾莉诺（Eleanor T. Glueck）合著的《五百个罪犯的故事》一书。关于自己是如何走上犯罪道路的，这个男孩的解释是：“我根本没想到自己会自甘堕落到这种地步。一直到十五六岁，我都和其他男孩一样。我喜欢体育，自己也经常做运动；我从图书馆借书看；作息时间也非常规律。后来，父母让我退了学去工作，他们拿走了我的薪水，每周只给我留五毛钱。”

他这是在谴责。假如能问清楚他与父母之间的关系，假如能彻底了解他的家庭环境，我们便能查明他的真实想法究竟是什么。而目前，根据他的这番话我们只能推断出一点，那就是，他的父母并不是乐于合作的人。

“工作了大概一年以后，我就开始和一个贪图享乐的女孩交往了。”

在罪犯的人生经历中，我们常常会发现一个特点，即他们所迷恋的女子大都挥霍成性。回想一下我们之前是怎么说的吧——爱情是一个考验合作能力的问题。这个男孩交往的是一个贪图享乐的女孩，可是他每周只有五毛钱。结果，他走上了歪门邪道。这样做其实并不能真正解决爱情问题。天涯何处无芳草？我若是处在这种情况下便会说：“她要是只知道享乐，那就不是我要找的女孩。”不过，究竟什么东西才是生命中最重要的？这的确是一个仁者见仁、智者见智的问题。

“这年头，即便是在小镇上，一周五毛钱也讨不到女孩的欢心。老头子又不肯多给钱。我很气愤，绞尽脑汁地想着怎样才能弄到更多的钱。”

在这种情况下，人们一般会建议说：“或许你可以到处找找，看看能不能多挣点儿钱。”但他想要的却是怎样才能不劳而获。而且，他交女朋友也只是图自己高兴，并不是真的想对女朋友好，更不是为了别的什么原因。

“有一天我碰到了一个男人，不久就和他混熟了。”

遇见陌生人对他来说又是一个考验。有正常合作能力的孩子一般不大可能被带坏，但这个男孩却很有这个可能性。

“他是个聪明的小偷，有才、能干、对这行非常熟悉；而且他肯和你分享，不会陷害你。我们一起在这个镇子上干了好几票，都成功得手。从那以后，我就干上了这一行。”

我们还了解到，他的父母有自己的房子，父亲是一个工厂的工头，收入刚够维持一家人的日常开销。他家有三个孩子，除他之外，家里没人有犯罪记录。我很想知道主张遗传起决定作用的科学家对此会作何解释。这个男孩承认，他十五岁时便和异性发生了性关系。我确信有些人会说他是个好色之徒。但他对别人其实没什么兴趣，只不过是为了让自己高兴而已。爱美之心人皆有之，而这个男孩之所以这样做，其实是为了寻求别人的欣赏——他想成为情场上的英雄。十六岁时，他和一个同伙因侵入私宅行窃而被捕。

他的其他一些趣味也能证实我们之前所讲的那些内容。他希望自己看上去威风凛凛，希望能吸引女孩的注意，希望在她们身上花大把大把的钱以赢得她们的芳心。他戴着一顶宽边帽，系一条红色班丹纳丝巾，腰带上别着一把左轮手枪，人称“西部亡命徒”。他是个虚荣心很强的人，想要让自己看上去像个英雄，但除了以上行为之外，又不知道还有什么其他办法能够做到这一点。对于被指控的罪行他供认不讳，并且还说：“不止这些，还多得很呢。”看来，他对盗取他人财物并没有感到良心上的不安。

“我觉得人活着没什么意义，生命没什么价值。我鄙视所有的人。”

他说出来的这些想法实际上都是潜意识的流露，但他并不明白其中的真实含义。他觉得生命是个负担，但又不明白自己为什么会产生如此沮丧的想法。

“我学会了不相信别人。人们都说盗亦有道，小偷之间应该不会尔虞我诈，但根本不是那么回事。我曾经有一个同伴，我对他仁至义尽，可他却暗中算计了我。”

“如果有足够的钱，我也能和别人一样诚实正直。我的意思是说，钱要多到可以随便花，可以让我不必工作。我从来都不喜欢工作，我讨厌工作，永远也不想工作。”

最后这段话我们可以这样来解释：“导致我犯罪的是压抑，我被迫压抑自己的欲望，结果就成了罪犯。”这一点非常值得深思。

“我从来都不是为了犯罪而犯罪。当然，偶尔也会一时兴起，驱车到某个地方，三下五除二地干完活，然后走人。”

他相信自己是个英雄，并不认为自己的行为是懦弱的表现。

“有一次，我被逮到之前刚弄了一批价值一万四千美金的珠宝，但我要去看女朋友，就傻乎乎地拿珠宝兑了一点儿现金，也就刚够去她那儿的花费。结果他们就逮到了我。”

这种人在女友身上大把大把地花钱，所以才能轻易赢得对方的好感。不过他们觉得这恰恰证明自己是情场上真正的获胜者。

“监狱里设有学校。我要去尽可能地学些东西。这当然不是为了要改过自新，而是要让自己变得更危险。”

这表达的是一种对人类极度痛恨的态度。他其实根本不想与人类有任何关系，他还说：“我要是有个儿子，一定会把他掐死。难道你认为我会罪孽深重到要把一个人带到这个世界上来吗？”

现在我们该如何改造这样一个人呢？答案是：提高他的合作能力，并让他明白自己对人生的看法错在哪里，除此之外别无他法。我们要追溯到他的幼年生活，找出他那时形成的种种错误认识，这样才能说服他。可是，我并不清楚他幼年时期究竟发生了什么事，许多我认为比较重要的东西在这个案例中都没有记载。他小时候肯定发生过什么事，要不然他怎么会对人类怀有如此深刻的敌意呢？如果让我来猜，我会猜测他是长子，刚开始就像所有的长子那样备受宠爱；后来，家里又有一个孩子出生了，于是他觉得自己失去了原有的地位。假如我猜对了，大家便会看到，即便是诸如此类的小事，都有可能妨碍合作能力的发展。

约翰后来又说，他曾进过一次感化院，在那里受到了粗暴的对待，结果，离开那里的时候他对社会充满了深深的仇恨。关于这一点，我需要多说几句。在心理学看来，罪犯完全有可能将其在监狱里受到的虐待视为一种挑战，视为一场对力量的考验。同样，当罪犯不断听到有人对他们说“放下屠刀，回头是岸”的时候，他们也会认为这是别人对他们提出的挑战。他们本来就想当英雄，因而非常乐意接受这类挑战。他们觉得这是社会在逼他们继续干下去，于是便更加坚定地抓着自己的生活方式不放手。倘若一个人认为他正在和全世界作战，那么除了向他提出挑战之外，还有什么能比这个更刺激他呢？在监狱和收容所里，管教人员常常向犯人挑战。这种做法可以说是有百害无一利。

同样，在教育问题儿童时，对他们提出挑战也是最糟糕的做法之一。这些孩子会想：“我们来比比看到底谁更强！谁能笑到最后！”他们和罪犯一样，都很得意，总觉得自己是强者。倘若够聪明，他们应该也清楚自己必须抛开这种想法。

现在我们来看一个杀人犯的案子。这个犯人残忍地杀害了两个人，最后因谋杀罪而被处以绞刑。杀人之前，他把自己的意图和想法全部写了下来。这倒是给我们提供了一个机会，能让我们好好看看罪犯在犯罪之前究竟是怎么想的。任何一个罪犯在实施犯罪之前都会进行一番谋划，而他在谋划犯罪的时候通常都会为自己的行为找一个合理的借口。在这类自白书中，我从未发现有哪个罪犯只是单纯地叙述自己的罪行而不言及其他，也从未发现有哪个罪犯不竭力为自己辩解的。

在此，我们看到了社会感的重要性——即便是罪犯，他也需要求得安心，也要设法让自己的行为合乎人之常情。但与此同时，罪犯还必须做好扼杀社会感的准备，在犯罪之前，他必须挣脱社会感的束缚。陀思妥耶夫斯基（Dostoevsky）的小说《罪与罚》中，拉斯科尔尼科夫（Raskolnikov）的表现就是这样一个例子。他在床上辗转反侧了两个月，考虑着要不要去杀人。促使他下决心去犯罪的想法是：“我是拿破仑，还是一只虱子？”罪犯通常会用这类假想来欺骗自己、激励自己。实际上，每个罪犯都清楚自己过的并不是有用的人生，也清楚有用的人生究竟是什么样的。然而，出于怯懦，他拒绝了有用的人生；而他之所以怯懦，是因为自身缺乏成为有用之人的能力。要想成功解决人生问题，就需要与人合作，而他在这方面却没什么经验。渐渐地，他就会想到要摆脱这种思想负担，正如我们前面所讲的那样，他会找一些理由来为自己的罪行辩护。

以下文字摘自刚才所提到的那个杀人犯的日记。

"我的家人和我断绝了关系，我遭人唾弃，受尽侮辱（他的鼻子先天畸形），悲惨的命运几乎把我压垮了。所以没有什么东西可以阻止我，我觉得再也不能忍气吞声了。也许我应该听天由命，逆来顺受，但是肚子怎么办？我饿啊，总得填饱肚子吧。"

在这里，他为自己的罪行找到了理由。

"有人曾经预言我会死在绞刑架上，但我的想法是，反正都是个死，饿死和绞死又有什么区别呢？"

在另一个案子里，有个母亲对她的孩子预言说："我肯定有一天你会掐死我。"结果，孩子十七岁的时候掐死了他姨妈。由此可见，预言的作用等同于挑战。

我们再回到日记上来。

"我做事才不管后果呢，那都跟我没关系，反正不管怎么样我都得死。我什么都不是，没有人愿意理我，就连我喜欢的女孩都躲着我。"

他想吸引这个女孩，可是却没有体面的衣服，也没有钱。看来，他把这个女孩当做了自己的私人财产——这就是他解决爱情和婚姻问题的方式。

"做什么都一样，反正我不是得救，便是毁灭。"

尽管我希望看到更多样化的理由，但是在此我不得不说，这些人就像小孩一样，都喜欢走极端，搞对立——非黑即白，非此即彼。他们一般只在两个选项之间进行选择，除此之外就别无出路，比如，“要么饿死，要么绞死”，“要么得救，要么毁灭”。

“星期四的一切都计划好了，目标也已圈定，我在等待时机。时机一到，发生的事就不是每个人都干得来的了。”

他自认为是个英雄。“这肯定极其恐怖，不是每个人都干得来的。”他拿了一把匕首，出其不意地杀死了一名男子。这的确不是每个人都能做得出来的事！

“就像牧羊人驱赶羊群一样，饥饿带来的痛苦也会驱使一个男人去干一些最邪恶的勾当。也许我有可能活不到明天，但我不在乎。这个世界上最可怕的事情莫过于受饥饿的折磨了。我忘不了饥饿带来的痛苦，我饿怕了。法官哪天开庭审我的案子，哪天就是我的死期了。男人嘛，既然犯了罪，就要付出代价。不过这样的死法总比饿死要好。如果我是饿死的，别人根本就注意不到我。而现在，人们会成群结队地来看我受刑，或许还有人会为我难过呢。我就要去按计划行事了，可我今夜不知为什么竟前所未有地感到了恐惧。”

瞧，他毕竟没有自己想的那么勇敢！在法庭上受审讯时，他说：“尽管没有刺中他的心脏，但我还是犯了谋杀罪。我知道这样做一定会被绞死的。可是那个人穿的衣服那么漂亮，我一辈子都穿不上那样的衣服。”他现在不再说饥饿是他的动机了，倒说起了衣服。

他还申辩说：“我当时不知道自己在做什么。”大家可能经常会听到这类辩解，比如，有的罪犯在犯罪之前会喝醉酒，从而让自己变得麻木不仁、无动于衷。这恰恰证明了他们得使出很大的劲儿才能冲破社会感的约束。

我相信，在分析任何一个罪犯的犯罪生涯时，我在这里所讲的每一个论点都能派上用场。

## 三、合作的重要性

现在，我们回到本章刚开始所提到的那个主题——每一个罪犯（也包括其他所有人）都在努力争取胜利，在力争上游，在努力追求优越感。不过，这种奋斗目标因人而异，在每个人身上的具体表现不尽相同；而我们发现，罪犯的目标通常是追求只具有私人意义的优越感。罪犯所追求的东西对其他人一点儿好处都没有，而且他的合作能力也很弱。社会需要其所有成员都能为大家的共同利益作出贡献，都具有合作能力，人与人之间也需要相互合作，相互奉献。罪犯的目标中一般都不含有益于社会的成分，这是所有罪犯最为显著的一个特征。他们的目标究竟是如何产生的？这个问题我后面会讲到。在此我想申明的一点是，要想了解一个罪犯，首先要弄清楚他合作失败的程度和性质。

罪犯的合作能力各不相同，有的是严重匮乏，有的则稍好一些。比如，有些人只允许自己犯小罪，绝不越过这个界限，而另一些人却喜欢犯滔天大罪；有些人是主谋，另一些人则是从犯。想要了解各种不同的犯罪行为，就要具体考察每个罪犯的生活方式。

### 人格、生活方式和三项人生任务

我们发现，在四五岁的时候，个人生活方式中的主要特征便已基本确立。要想改变这一生活方式并非易事，因为它是将一个人和其他所有人区别开来的与众不同的人格；这个人只有真正认识到自己在人格形成时期犯了什么样的错误，他才有可能改变生活方式。这样我们就不难理解，为什么有许多罪犯即使一次又一次地受惩罚，即使受尽侮辱和唾弃，即使失去了社会所提供的一切美好事物，他们都不改初衷，一而再、再而三地犯同样的罪。

迫使这些人走上犯罪道路的并非经济上的困难。当然，在经济不景气、生活窘困的时候，犯罪率必然会上升。统计结果表明，犯罪率的增长有时候是和物价的上涨成正比的。然而，这并不足以证明就是经济状况导致了犯罪，只能说明有些人的行为是有局限性的。这些人的合作能力有限，一旦超过这个限度，他们便不再奉献，不再与人合作，最终会走上犯罪道路。还有许多证据表明，很多人身处顺境时或许不会犯罪，可一旦面临自己应付不了的问题时，他们就有可能去犯罪，想通过犯罪来解决问题。由此可见，生活方式，或者说解决问题的方式，才是至关重要的。

运用个体心理学的方法做了大量的调查研究之后，我们最终弄清楚了一个非常简单的问题，那就是，罪犯对其他人不感兴趣，他的合作能力极其有限。有限的合作能力一旦消耗殆尽，他便会涉足犯罪；而一旦碰到自己难以解决的问题时，他的合作能力便会彻底崩溃。既然这样，那我们就有必要认真想想摆在人类面前的种种人生问题，想想罪犯无法解决的都是哪些问题。到最后我们肯定会发现，人类所面临的一切人生问题都与社会有剪不断的关系；而要想解决这些问题，唯一的途径就是要对他人产生兴趣，要关心他人。

正如我们在第一章所讲过的那样，个体心理学把人生问题分成了三大类。首先，让我们来看看第一类问题——人与人之间的关系，也就是友谊问题。有些罪犯也有朋友，但仅限于他们的同类；他们会拉帮结伙，彼此之间甚至还非常讲义气。可是显而易见，他们的生活圈子非常窄。他们无法融入正常社会，无法和普通人交朋友；他们就好像是来自另一个世界的一群陌生人，根本不懂得怎样与别人和睦相处。

第二类问题包括所有与工作有关的问题。许多罪犯在被问及这些问题时会回答说："你根本不知道我的工作环境有多可怕。"这表明他们觉得工作不称心，却又不愿意像别人那样和困难做斗争。从事一份有用的工作意味着要关心他人，要为他人的幸福作出贡献，但这恰恰是罪犯的人格中所缺乏的东西。大多数罪犯在很小的时候就已经表现出缺乏合作精神的倾向了，结果他们都没有做好应付工作问题的准备，没受过什么职业训练，也没有一技之长。倘若追溯他们的过去，我们会发现，在学生时代，甚至是在学龄前，他们就已经在这方面出现了障碍；从那时起，他们的兴趣就转了向，变得不愿意与人合作了。合作能力是通过后天学习得来的，但这些罪犯却从未学过如何与人合作。因此，假如他们在处理工作问题时失败了，我们也不应该将责任全部推在他们身上，认为这全都是他们自己的错，跟别人没关系。我们若是这样要求他们，那就等于是让一个从未学过地理的人去参加地理考试。结果可想而知，对地理一窍不通的他要么是错误满篇，要么只好交白卷。

第三类问题包括了所有与爱情有关的问题。既美好又硕果累累的爱情需要两个人相亲相爱，需要两个人相互合作。我们注意到一个很发人深省的现象，那就是，有半数罪犯在进监狱或收容所之前都患有性病。这往往表明他们想用一种简单轻松的方式来解决爱情问题，他们把伴侣视为一件财产，认为爱情是可以用金钱买到的。对这种人来说，性就是征服，就是占有，是用来占有他人的方式，而不是所谓的终身伴侣关系。他们会说："如果不能如愿以偿地得到自己想要的一切，那活着又有什么用?"

缺乏合作精神对于所有的人生问题来说都是一个很大的缺点。人类每时每刻都需要合作，所以，即便是在观看、谈话、倾听等最日常的行为中，一个人的合作能力究竟有多强也能一望而知。如果我的观察没错的话，可以说罪犯的观看、谈话和倾听方式往往与常人不同。他们有一种与众不同的语言，而这种语言上的差异很有可能会阻碍他们的智力发展。当我们说话的时候，我们希望每个人都能理解我们所说的话。理解本身就是一种社会功能，因为我们的话语具有公共意义，我们对这些话语的理解与其他人的理解没什么不同。但是罪犯就不一样了。他们自有一套逻辑，自有一种智慧，这一点从他们为自己的罪行所做的申辩中就可以看出来。罪犯其实并不笨，心智也正常。假如我们能认可他们为自己虚设的个人优越感目标，那么他们所得出的大部分结论在我们看来便都是合乎逻辑的。

也许有罪犯会说："我看到一个人有条好裤子，而我却没有，所以我只好杀了他。"假如我们也赞同他，认为让他的欲望得到满足是最重要的，认为他没必要以有益于社会的方式来谋生，那么他的结论便是合乎逻辑的。但是，这其实并不合乎人之常情。最近在匈牙利发生了一宗刑事案，有几个妇女被控投毒，犯了多重谋杀罪。她们中的一个人在入狱时说："我儿子有病，而且整天游手好闲，所以我只好毒死他。"如果她完全排斥合作，那她还能做什么呢？她不糊涂，只是看问题的方式与常人不同，对人生的看法也与常人不同。讲到这里大家就应该看出来了，每当罪犯看到了吸引人的东西并想轻而易举地将之据为己有时，他是用什么样的逻辑来决定必须要从这个充满敌意的、自己不喜欢的世界手里把它夺过来的。这一切全都是因为他对人生有一种错误的理解，对自己和他人的重要性也做出了错误的估计。

## 四、影响合作的早期因素

下面我们要探讨的是，什么样的境遇会造成合作精神的缺乏。

### 1. 家庭环境

有时候，一个人缺乏合作精神乃是父母的责任。或许母亲经验不足，不能让孩子与她合作；或许她总觉得自己一贯正确，不需要任何人的帮助；或许她本人就不太会与他人合作。倘若生活在婚姻不美满的家庭或婚姻破裂的家庭中，孩子的合作精神必然不会发展得太顺利。母亲是第一个和孩子产生联系的人，倘若母亲不愿把孩子的社会兴趣扩展到父亲、其他孩子或成年人身上，那么孩子肯定也发展不出多少合作精神来。

或者还有另外一种情况——孩子可能一直觉得自己是全家的中心，但到了三四岁的时候，家里又有一个孩子出生了，于是他便大受打击，觉得自己原有的地位被剥夺了，从而会拒绝与母亲或弟弟妹妹合作。这些都是我们必须要考虑到的因素，因为若是追溯罪犯的人生，我们几乎总能发现，他的毛病早在幼年时期的家庭生活中就已经露出端倪了。事实上，对孩子产生影响的并非环境本身，而是孩子误解了自己在家中的处境，与此同时，却没有人在旁边指点他、开导他。

假如家里有个孩子特别杰出或者极有天赋，这会给其他孩子带来许多困扰。这样的孩子一般会受到更多的关注，从而令他的兄弟姐妹灰心丧气、产生挫败感。兄弟姐妹们想要跟他争，却又没有足够的信心。渐渐地，他们便不愿与人合作了。这些被别人比得黯然失色的孩子往往都不大懂得如何运用自己的才能，结果，他们的人格发展就很容易出问题，比如，他们可能会变成罪犯、神经症患者或自杀者。

倘若一个孩子缺乏必要的合作精神，那么从他上学的第一天起，我们就能在他的种种行为表现中看出这一缺点。他不和别的孩子交朋友，不喜欢老师，注意力不集中，上课时也不听讲。而且，假如从别人那里得不到细致入微的体贴和理解，他有可能会受到新的打击。假如他从老师那里得到的经常是责备和训斥，而不是鼓励，不是教导他怎样与人合作，那么毫无疑问，他肯定会越来越憎恨学业。假如他的勇气和自信心常常受到打击，那么他根本不可能对学校生活产生兴趣。观察罪犯的人生，我们经常会发现这样一个现象：他十三岁的时候还在上低年级，并且常常因愚笨而挨批评。这种经历必然会危害到他以后的人生发展。从此，他会逐渐失去对别人的兴趣，他的奋斗目标也会逐渐转到毫无意义的事情上，转到反社会或招人嫌恶的事情上。

### 2. 贫穷

贫穷也有可能让一个人对人生产生错误的理解。出身贫寒的孩子在外面可能会遭到社会的歧视。他家缺衣少食，生活窘困，充满了磨难和愁苦。为了帮补家用，他可能从很小的时候起就得去工作赚钱。以后，当他看到一些生活安逸的有钱人，看到他们能随心所欲地买东西，便觉得凭什么自己不能像他们那样滋润地生活呢。这样就不难理解，为什么在贫富悬殊的大城市犯罪率会如此之高。仇富心理绝对会导致对社会有害的行为。生活在这种环境下的小孩很容易对自己的境遇产生误解，以为获得优越地位的途径就是不劳而获。

### 3. 身体缺陷

一个人的自卑感很有可能是由某种身体缺陷引起的。这是我本人的一点发现，但令我感到遗憾的是，想不到这个发现竟然为神经学和精神病学所宣扬的遗传理论提供了证据。不过，我刚一写到器官缺陷（身体缺陷）及其引起的心灵补偿时，便意识到了这个危险。其实，该指责的不是身体缺陷，而是我们的教育方式。

倘若方式方法正确，即便是有身体缺陷的孩子，他也会对自己和他人产生兴趣。倘若没有人在旁边指点他，帮他发展出对其他人的兴趣，那么有身体缺陷的孩子便会形成以自我为中心的人格。

确实有许多人身患内分泌腺方面的疾病，但我想澄清的一点是，迄今为止，我们仍然无法断定每一种内分泌腺的正常功能究竟是什么。而且，尽管有的人内分泌腺发生了巨大变化，但这并没有影响到他们的人格发展。因此，如果我们想找到正确的教育方法，想让有身体缺陷的孩子成为社会的栋梁，想促使他们产生与别人合作的兴趣，那么，内分泌腺这一因素绝对不应该在我们的考虑之列。

### 4. 社会缺陷

在罪犯当中，孤儿所占的比例非常大。在我看来，没能在这些孤儿身上培养出合作精神，此乃人类文明的一大弊病。和孤儿境遇类似的还有私生子。他们身边没有人愿意和他们培养感情，更没有人能够让他们对其他人产生好感。被遗弃的孩子往往会走上犯罪的道路，尤其是当他们知道没有人愿意要自己的时候，或者是感觉到自己被世人遗弃了的时候，就更容易铤而走险去犯罪了。在罪犯当中，也有不少人长得比较丑陋。有人就一直拿这一现象当做有力证据来证明遗传的重要性。可是请想想，长得丑的孩子会有怎样的感受！丑陋的容貌会让他处于极为不利的劣势地位。假如有一个孩子是不同种族的混血儿，而恰好这些种族易于生出不好看的孩子，或者这是些遭到社会歧视的种族；假如这个孩子长得很丑，那么，他的整个人生都将受到重创，因为他没法拥有对我们每个人来说都是极为珍贵的东西——童年时代的欢乐与美好。但是，如果能以正确的方式善待这样的孩子，他肯定也可以发展出社会感来。

然而，值得注意的是，我们在罪犯当中有时也会发现长得非常好看的人。外表丑陋的罪犯也许可以被看做是劣等遗传基因的牺牲品，也许他们生下来就有身体上的缺陷，比如残手、兔唇等。可是，倘若罪犯长得漂亮，那我们又该如何解释这一现象呢？其实很简单，漂亮的罪犯也是在一个很难发展出社会感的环境里成长起来的，他们差不多都是一些被惯坏了的孩子。

## 五、如何解决犯罪问题

现在的问题是，我们该怎么办呢？假如我的看法是正确的，假如我们在罪犯的犯罪生涯中发现他总是在追求一种假想的优越感，发现他缺乏社会感并且从未学会如何与人合作，那我们该怎么办呢？罪犯就如同神经症患者一样，除非我们能成功赢得他的合作，否则真拿他没办法。这一点无论怎么强调都不为过。假如我们能使罪犯关心大众利益，假如我们能使他对其他人抱有好感，假如我们能教会他与人合作，假如我们能教会他以合作的方式来解决人生问题，那么一切问题便可迎刃而解。如果做不到这些，我们必定一无所获。

现在我们应该知道改造罪犯该从何处入手了——必须教会他怎样与人合作。我们通常是把罪犯禁锢在监狱里，这样做其实并没有多大效果。可是，释放他又会给社会带来危险，在现有的条件下，这一点想都不要想。为了维护社会安全，我们必须要防止犯罪行为的发生。但我们的目光绝对不能只锁定在这一点上，我们还需要考虑到罪犯——“他没有做好应对社会生活的准备，我们怎样做才能帮助他呢？”

这项工作可没有听上去那么简单。我们不能靠宽容姑息来争取罪犯，更不能靠苛责刁难来争取他。直接告诉罪犯他错了或者和他争辩对错的问题，这样做也是行不通的，因为他心意已决，他这样看世界已经好多年了，哪能凭你一句话就改邪归正呢？要想改造罪犯，我们必须找出他思维方式的根源，必须找出他的错误是从何处开始的，还必须找出导致这些错误形成的环境。罪犯的主要人格特征在他四五岁的时候就已经形成了，他对自己以及对世界的错误认识也就是在这一时期形成的。这些错误认识在他后来的犯罪生涯中一直起着不容忽视的作用。我们需要了解并予以纠正的正是罪犯的这些早期错误，换句话说，我们必须找出罪犯人生态度产生的源头。

在以后的人生中，罪犯会利用自己经历过的每一件事情来证明并强化自己的人生态度；倘若哪个经历与他的人生态度不符，他便会想方设法地重新打造这个经历，直到它与态度完全吻合为止。比如，倘若某个人的人生态度是“别人都在欺辱我，都对我不好”，那么他会寻找大量的证据来坚定自己的信念；而且，他只会找那些能证明自己正确的证据，对反面证据则视而不见、置若罔闻。可见，罪犯关心的只有自己以及自己的想法，他有自己的观看和倾听方式，对于不符合自己人生观的东西，他一般都置之不理。因此，只有揭示出他的人生观中所蕴涵的深层意义，只有揭示出他的观念是怎样形成的，只有揭示出他的人生态度最初是怎样开始的，我们才有可能说服他。

### 1. 体罚无效

体罚是起不到什么作用的，因为它只能让罪犯的信念更加坚定，让他确信社会充满了敌意，确信自己不可能与社会合作。罪犯有可能在上学的时候经历过体罚一类的事情。当时他还没有学会合作，所以功课做得乱七八糟，在课堂上的表现也很差劲，结果便受到了责备和惩罚。难道这样对待他就能激发出他的合作精神吗？不，这只能让他觉得自己的处境比以前更加无望，觉得大家都在和他作对。结果，他当然就会憎恨学校。有谁喜欢待在一个自己经常受责备、受惩罚的地方呢？

就这样，他对学校彻底失去了信心。他不再用功，对老师和同学也没什么好感。渐渐地，他开始逃学，躲到了大家都找不到的地方。在这些地方，他碰到了一些和他有同样经历、走上了同样道路的孩子。这些孩子理解他。他们不但没有责备他，反而恭维他，激起了他的雄心壮志，给了他希望，让他以为自己可以通过反社会的方式扬名立万。他既然对社会要求不感兴趣，自然就会把这些孩子引为同道、视为知己，就会把整个社会视为敌人。这些人喜欢他，他也觉得与他们为伍其乐融融。成千上万的孩子就是这样加入犯罪集团的。如果我们以后仍然以同样的方式对待他们，这只会进一步强化他们的想法——我们是他们的敌人，罪犯才是他们的朋友。

这样的孩子并非是无缘无故走上人生歧途的。我们不应该让他失去希望。假如我们在学校就能采取一些措施来培养他的信心和勇气，这种事情是很容易避免的。我在后面会就这一点展开详细讨论，现在举这个例子只是为了说明一个问题——罪犯总是固执己见地认为惩罚意味着社会在和自己作对。

体罚之所以起不到预期的作用还有别的原因。许多罪犯都不大珍惜自己的生命，在人生的某些时刻，他们中的一些人甚至还差点儿想自杀。因此，体罚，乃至死刑，根本吓不倒他们。他们本来就跃跃欲试，想要打败警察，所以一旦受到惩罚，他们就会将之视为挑战，这样便感觉不到丝毫痛楚了。这就是他们对惩罚的一种回应。假如管教人员对他们粗暴严厉，假如他们受到了虐待，那他们肯定会奋起反抗。这样做使他们更加相信自己比警察聪明。

正如我们所看到的，罪犯对任何事情都是从这个角度来理解的。他们将自己与社会的关系视为一场无休止的战争；在这场战争中，他们奋斗的目标就是要超过对手、抢占上风。假如我们和他们想的一样，那便正中其下怀。从这个意义上来讲，坐电椅对罪犯而言也算得上是一个挑战——受刑的时候，他们可能会想象自己是在以寡敌众、以弱敌强。总之，处罚愈严厉，罪犯就愈想表现出自己的“非凡才智”。不难看出，很多罪犯都是这样看待自己所犯罪行的。被判电椅死刑的罪犯在最后的时间里往往想的是当时应该怎样逃过侦破，比如，他们可能会想：“那时候要是没落下眼镜就好了。”

### 2. 学习合作

前面我们已经指出，孩子们并非无缘无故失去信心，也不会无缘无故就产生自己不如别人以及合作毫无用处的想法。在处理人生问题的过程中，没有人是注定要失败的，换句话说，失败一定是有原因的。罪犯的失败就在于他选择了错误的生活方式。因此，我们必须给罪犯指出他错在什么地方、为什么会犯这样的错，必须激发他的勇气，使他对别人产生兴趣，并愿意与别人合作。假如大家都能认识到这一点，那么罪犯再怎么巧辩、再怎么自圆其说也会被揭穿，而且，孩子们也不会选择犯罪作为自己未来的人生发展方向。在任何一份罪案记录中，不管它描述得正确与否，我们都能看到早期错误生活方式对罪犯的影响，同时还能看到罪犯所信奉的那种缺乏合作精神的人生哲学。

我想强调的一点是，合作能力只有通过学习才能获得，它不可能来自遗传。当然，每个人身上都带有一种合作的潜能，这种潜能肯定是与生俱来的。但是，要想将这种合作潜能发挥出来，就必须经过一定的学习和训练。在我看来，除非能找到证据证明有人即使学会了合作却还是沦为了罪犯，否则，除了缺乏合作能力之外，其他任何解释犯罪的说法都是站不住脚的。然而，我从未遇见过这样的罪犯，也从未听说有谁遇见过。可见，培养良好的合作能力是预防犯罪的最佳途径。倘若认识不到这一点，我们是不可能避免犯罪这种社会悲剧的。

假如我们能教人学会地理，那我们就一定能教人学会合作，因为合作也是真理，真理一般都是可以传授的。假如某人要去参加地理考试但却没有做好准备，那他肯定会考砸的。同样，假如某人要在一个需要合作能力的环境中接受考验，但他却尚未学会如何与人合作，那他肯定也会出师不利。事实上，所有问题的解决都有赖于一定的合作能力。

我们就犯罪问题所进行的探讨已接近尾声。现在，大家必须勇敢地正视这样一个事实：数千年以来，人类一直都没有找到正确的方法来解决这一问题；曾经用过的所有方法看来都没起什么作用，以至于这个可怕的问题到今天依然如影随形地跟着人类。我们的研究证明，人类之所以至今没有解决犯罪问题，根本原因就在于从未有人想过要采取适当的措施去改变罪犯的生活方式，去阻止其错误的人生态度。倘若做不到这一点，任何其他方法都不可能真正奏效。这样，我们就完全清楚今后应该怎么做了——必须培养罪犯的合作能力。

这方面的知识我们有，而且到现在我们也积累了一些经验，所以我深信个体心理学能够告诉我们怎样去改造每一个罪犯。可是，要像这样一对一地帮助所有的罪犯转变其生活方式，想想看这将是多么艰巨的一项工作。更为不幸的是，在我们的社会中，大部分人的承受能力是有限的，一旦他们所面临的困难超过这个限度，他们的合作能力便会土崩瓦解。所以我们会看到，每逢经济不景气的时候，犯罪率往往会大幅上升。于是，就有这样一个难题摆在了我们面前：要想通过提高罪犯合作能力的方式来消灭犯罪现象，我们需要医治的是大部分人；而要想立竿见影地逐个将每一个罪犯或每一个有犯罪倾向的人转变为社会的栋梁，这又不太现实。

### 3. 一些可行的办法

不过，我们能够做的事还有很多。即便不能改造每一个罪犯，我们也能采取一些措施，去帮助那些不堪生活重负的人减轻负担。比如，针对失业和缺乏职业技能这一问题，我们应该采取适当的措施让每一个想要工作的人都有机会获得一份工作。这是解决社会问题的唯一途径。如此一来，有很多人就不会丧失他们仅剩的那一点点合作能力了。毫无疑问，如果能做到这一点，犯罪率必然会有所下降。虽然我不清楚改善大家经济状况的时机是否已经成熟，但我知道我们真的应该大力发展社会经济。

我们还应该加强孩子在职业方面的训练，以便他们在面对人生时有充分的准备，有更多的职业选择。职业培训在监狱里也可以进行，而且在这方面我们已经采取了一些有效的措施，现在需要做的就是再接再厉、争取更上一层楼。我认为虽然不可能对每一个罪犯实施个别矫正，但集体矫正也能起到很大的作用。比如，我建议我们可以在一群犯人中组织一场关于社会问题的讨论，就像我们在这里的讨论一样，我们要提出问题让他们来回答。我们应该启发他们，将他们从迷梦中唤醒；我们应该让他们抛掉自己对世界的错误理解，不再低估自己的潜能；我们应该教他们不要封闭自己；我们还应该帮助他们消除内心的恐惧，让他们不再害怕自己所处的环境，不再害怕摆在自己面前的社会问题。我相信，倘若采取了这些矫正措施，我们一定能大获成功。

我们也应当尽量摒除社会上一切容易对罪犯或穷人产生诱惑的东西。假如贫富过于悬殊，便会惹怒生活贫困的人，会挑起他们的仇富心理。因此，我们应当抑制浮华奢靡之风，杜绝炫耀财富之举。

我们已经发现，在对后进生和少年犯的矫正过程中，挑战他们的力量是完全没有用的。他们之所以采取消极抵抗的态度，不肯妥协，不肯合作，正是因为他们觉得自己是在和周围环境作战。罪犯也是这样的。无论在世界的哪个角落我们都可以看到，警察和法官，甚至包括我们所制定的法律，都在向罪犯挑战，在激起他们的反抗情绪。我们绝对不能威胁罪犯，我们要倍加小心，不要提到罪犯的姓名，也不要让他们太惹人注意，这样情况可能会好得多。目前整个社会对待罪犯的态度是错误的。要知道，无论是高压手段还是怀柔政策，都不能改变罪犯；只有完全弄清楚了自己的处境，他们才会有所改变。当然，我们应该有人道主义精神，不要以为用可怕的死刑就能吓倒罪犯。正如我在前面所讲过的那样，很多时候死刑只能使这场猫鼠游戏变得更加激烈，甚至当罪犯即将被处死的时候，他们想的也只是导致自己被捕的那个致命错误。

假如能大幅提高破案率，那会对我们的工作有很大帮助。据我所知，至少有百分之四十的罪犯（或许还要多）都逃脱了法网。罪犯往往也心存这样的侥幸，而且几乎每一个罪犯都有过犯了罪却没被发现的经历。当然，在这方面我们确实已经取得了一定的进步，并且也在朝着正确的方向前进。还有一点很重要，即不论是在狱中还是出狱后，都不应该羞辱或挑战罪犯。如果能找到合适的人选，我们最好增加一些缓刑监护官，这样做应该能起到一定的作用。但需要注意的是，这些缓刑监护官必须对社会性问题以及合作的重要性有所了解才行。

### 4. 一项预防措施

倘若以上这些建议都能被采纳，那我们一定会取得很大的进步。然而，要想如我们所愿地遏制犯罪行为、减少犯罪案件，这样做还远远不够。幸好我们手头还有另外一个非常实用且行之有效的办法，那就是，我们应该培养孩子与他人友好合作，应该发展孩子的社会兴趣。这样的话，孩子们便不会在他人的煽动和引诱下去犯罪；而且，无论遭遇到什么样的麻烦和困难，他们的社会兴趣都不会彻底崩溃，他们的合作能力以及圆满解决人生问题的能力都将比我们这一代人强得多。到最后，罪犯的数量一定会大幅下降，其显著效果将指日可待。

大多数罪犯很早便开始了犯罪生涯。他们的犯罪行为一般是从青春期开始的，在十五岁到二十八岁之间，其犯罪活动最为频繁。因此，我们若是把重点放在培养孩子的合作能力上，一定会很快见效的。此外，我相信，假如孩子受到了良好的教育，他会对整个家庭产生影响。独立、进取、乐观、发展良好的孩子肯定是父母的好帮手，也是父母的安慰。果真是这样的话，合作精神将会遍及全世界，人类社会的发展也将会上升到一个新的高度。当然，在培养孩子的同时，绝不能忽视父母和教师的作用，我们也要对他们进行适当的引导。

最后剩下的唯一问题就是，我们怎样才能找到最佳切入点，我们该采取什么样的方式来使孩子学会应对未来人生中的任务和问题。我们可以培训所有的父母吗？当然不能，而且这样做也没多大希望。父母是很难被打动的，而更难办的是，最需要接受培训的父母恰恰是那些我们根本见不到的人。因此，我们必须另辟蹊径。我们是不是可以抓住所有的孩子，把他们关起来，时时刻刻监视着他们、守护着他们呢？这个办法看上去确实也好不到哪里去。

不过，还有一个既切实可行又保证能解决问题的办法，那就是，我们可以使教师成为推动社会进步的工具，可以培训教师，让他们来纠正孩子在家庭生活中形成的错误，扩展孩子对他人的兴趣。这绝对是学校的天职，是学校的发展方向。由于家庭无法教育孩子去应付未来人生中的所有问题，因此人类才设立了学校，把它当做家庭教育的延伸。既然这样，那我们为何不利用学校教育来使人类变得更友善、更乐于合作、更关心全人类的幸福呢？

总而言之，人类所有的活动都应该建立在以下观念的基础上：人类目前所享受到的一切好处都是那些乐于奉献的人所做出的贡献。假如个人不愿意与他人合作，不关心他人，对人类社会没有什么贡献，那么他的人生将毫无价值，身后也悄无声息，留不下一丝痕迹。只有那些作出贡献的人，他们的成就才能留存下来，他们的精神才能恒久流传。如果我们能以此为出发点来教育孩子，那他们自然而然就会喜欢上合作。如果他们善于合作，那么每当遭遇困难的时候，他们就不会示弱，就有足够的力量去面对最艰难的问题，有足够的能力采用有益于大众的方法去解决这些问题。

# 第十课　工作问题

## 一、平衡人生三项任务

制约人类的三大因素给人类提出了三个人生问题。这三个问题不是孤立的，它们是互相依存的，所以要想解决其中任何一个问题，都必须妥善地解决其他两个问题。第一个问题是工作问题。我们生活在地球这个星球上，拥有地球上的一切资源、土壤、矿产、气候和空气。如何成功解决生存环境给我们带来的种种问题，这一直是摆在人类面前的一大任务。即便到了今天，我们也不能说已经找到了多么令人满意的解决办法。尽管每一个时代的人类在解决工作问题时都取得了一定程度的成功，但是我们还有许多地方有待进一步提高和改进。

第一个问题（即工作问题）的解决与第二个问题（即社会问题）有直接联系。制约我们的第二个因素是这样一个事实：我们同属于一个种群——人类，所以人与人之间必须保持密切联系。假如地球上只剩下了一个人，那他倒也没必要这样做。可是，事实并非如此，所以我们必须要考虑到其他人，必须适应其他人，并对其他人抱有好感。解决社会问题的最佳办法是友谊、社会感与合作。如果社会问题得到了圆满解决，那么这对工作问题的解决会有非常大的促进作用。

正是由于学会了合作，人类才发现了劳动分工这一伟大的制度。合作与劳动分工可以说是人类幸福的首要保障。假如每个人都单枪匹马地在地球上谋生，不与别人合作，也不采纳前人留下来的成果和好处，那么整个人类将不可能继续生存下去。通过劳动分工，我们可以利用各种不同的专业成果，可以把各种能力综合起来，使每一种成果或能力都能为人类所用、为人类造福；这样，既确保了人类的整体安全，同时还增加了每一个社会成员的机会。我们当然不能说该做的我们全都做到了，也不能说劳动分工已经发展到了完美无缺的程度。不过我们完全可以这样说：若想解决工作问题，我们就必须在劳动分工的基础上，以造福人类为目标，认真做好自己分内的事，并与他人相互合作，共同努力。

有些人千方百计地想逃避工作问题，他们要么是什么工作都不想做，要么就是做一些违背人类共同利益的事情。我们发现，这些人之所以逃避工作问题，实际上是想得到别人的支持和援助。他们以某种方式靠别人的劳动为生，自己却什么事都不做，对别人没有任何帮助；而一旦遇到问题，他们总是要求别人来帮他们解决。这其实就是被惯坏了的孩子的生活方式。被惯坏了的孩子通常会妨碍人类的合作，会把额外的责任不公平地甩给积极解决人生问题的人。

第三个制约因素是，一个人要么是男性，要么是女性，没有其他选择。要想为人类的繁衍作出贡献，我们必须接近异性，履行自己的性别职责。两性之别必然会引出这样一个问题：爱情和婚姻。如同其他的人生问题一样，爱情和婚姻问题也不能孤立地去解决。要想圆满解决爱情和婚姻问题，一份有益于人类社会的职业是必不可少的；除此之外，我们还必须和他人保持和谐友好的关系。从一个人处理爱情和婚姻问题的方式上，我们可以非常清晰地看出他的合作程度来。众所周知，在我们这个时代，解决爱情和婚姻问题最理想的办法，最符合社会和劳动分工要求的办法，就是一夫一妻制。

这三个人生问题绝对不可能单独出现，它们互相依存、互相影响，解决了一个问题必然有助于另外两个问题的解决。实际上我们也可以说，这三个问题属于同一问题的不同层面。这个问题便是，人类要在其所处的环境中活下去、繁衍下去。

有时候，一个人可能会以事业为借口来逃避社会问题和爱情问题。在我们的社会里，有许多人宁可埋首于忙忙碌碌的工作，也不愿意面对爱情和婚姻问题；而倘若婚姻失败了，有些人甚至还会说这全是工作太忙惹的祸。一个人若是疯狂地热衷于事业，他就会想："我是因为工作太忙才没时间考虑家庭问题的，所以婚姻的失败并不是我的责任。"在神经症患者当中，竭力逃避社会问题和爱情问题的行为尤其普遍。他们回避异性，对他人没有兴趣，只是没日没夜地忙着工作，日思夜想地记挂着工作，把自己搞得紧张兮兮，疲惫不堪。倘若长期处于这样的紧张状态，他们很容易产生胃痉挛之类的神经症症状，于是，胃病便成了他们理所当然的借口，他们可以不必去面对社会和爱情问题了。还有些人喜欢频繁地换工作，他们总以为还可以找到更适合自己的工作，但事实是，他们之所以这样做，是因为他们无法坚持做完一项工作，因为他们习惯于反复无常，频繁变动。

## 二、早期培养

### 1. 家庭影响和学校影响

母亲是第一个对孩子的职业兴趣产生影响的人。一个人四五岁之前所受的教育和培养对他成年以后的生活具有决定性影响。因此，每当有人请我帮他做职业指导的时候，我总要问起他的幼年生活以及他那时候的主要兴趣。从他对幼年生活的回忆中，我肯定能够看出他一直以来想把自己培养成什么样的人，他有什么样的理想，这些理想是如何在他的心灵中生根发芽的。关于早期记忆的重要性后面我还会谈到。

学校是孩子接受教育和培养的第二站。我相信，现在的学校会越来越重视学生未来的职业问题，会越来越重视训练学生手、眼、耳等方面的技能和能力，因为大家已经认识到了这类训练的重要性。不过，与此同时，有一点我们绝不能忘记，那就是，普通文化课对孩子的职业发展也非常重要。我们可能经常会听到有人说，他们早已把以前学校学的拉丁语或法语忘光了。即便如此，这些课程还是要学的。根据以往的经验我们发现，要想让学生得到全面发展，最好的办法就是让他们涉猎广泛，学习各种各样的课程。比如，有些新式学校甚至还非常注重培养学生的动手能力，目的就是为了丰富孩子们的经验，增强他们的自信心。

### 2. 纠正潜在错误

有这样一些人，他们可以随意换职业，但无论换哪一种职业，他们都不会满意。事实上，他们想要的不是一个职业，而是轻轻松松获得优越感；他们不想面对人生问题，觉得生活就不应该给他们提出任何问题。这些人都是被惯坏了的孩子，他们总想得到别人的帮助。

还有一些小孩从来不愿意当带头人，他们习惯于找到一个领袖来仰望，习惯于追随别的小孩或成人。这是一种非常不利于发展的奴性倾向，必须加以遏制。倘若不能在幼年时期消灭奴性倾向的苗头，这类小孩长大以后便无法胜任领导工作，只能当个小职员，从事一些按部就班的日常工作。

逃避工作、心不在焉、好吃懒做等错误倾向也都是在幼年时期就开始露出苗头的。我们怎能眼睁睁地看着孩子就这样一头冲进重重困境中去，我们必须用科学的手段找出这些错误产生的原因，并用科学的手段来加以纠正。假如我们生活在一个无须工作便能应有尽有的星球上，那么懒惰或许会成为一种美德，而勤劳反倒是不道德行为。但是，从人类与地球之间的关系来看，我们应该很清楚，最合乎逻辑、最合乎常理的答案就是人类应该工作、合作、奉献。人类一直是凭直觉体会到这一点的，而现在我们也能从科学的角度认识到工作、合作和奉献的必要性。

### 3. 天才与早期努力

天才在幼年时期一般都受过非同寻常的培养和训练，所以我相信，天才的人生经历足以证实我们这里所讲的全部论点。只有为人类社会作出杰出贡献的人，才能被称为天才。也就是说，任何一个天才在其身后都会给人类留下一些有用的东西。就拿艺术领域的天才来说吧，艺术是由人类当中那些最富有合作精神的、最伟大的天才们所创造的，正是因为有了他们，人类的整体文化水平才得到了提高。

当年荷马（Homer）在他的史诗中只提到了三种颜色，他不得不用这三种颜色来描写深浅不一、五彩缤纷的色彩世界。而到了今天，我们已经能够精确地辨认出周围的五颜六色了。那么，是谁教会我们分辨色彩的呢？必须承认，这是艺术家和画家的功劳。再拿音乐来说吧。正因为有了音乐家，我们才能听到高雅完美的音乐，我们的听觉才能变得如此灵敏；正因为有了音乐家，我们现在唱起歌来才音调和谐、优美动听，不像祖先的那样粗糙刺耳。总之，音乐家既丰富了我们的心灵，也教会了我们如何去训练听力和嗓音。那么，又是谁丰富了我们的情感呢？又是谁让我们学会了更清晰地表达情感、更深刻地理解情感的呢？是诗人。在诗人的努力下，我们的语言更加丰富、更加多姿多彩，可以用来表达生活中的各类事情。

毫无疑问，天才是人类当中最富于合作精神的人。也许从天才的某些行为和态度上看不出他们有什么合作能力，但是综观他的全部人生，我们会清晰地看到他那得之不易的合作能力。与普通人相比，合作对天才来说更加不容易，因为他们走的是一条崎岖的道路，路上充满了艰难险阻；而且，从刚一踏上人生道路开始，他们往往患有严重的生理缺陷。几乎所有的杰出人物在身体方面都有某种不足，可是他们的全部人生讲述的却是这样一个故事：尽管他们早年历经磨难，但他们努力奋斗，克服了自己的困难。我们能无比清楚地看到，他们很早便产生了各种各样的兴趣，幼年时期便开始严格而刻苦地训练自己，不断磨炼自己的感官和意志，以便能够面对并理解世界上的种种问题。根据这些早期训练我们可以断定，天才的天赋和才华并不是来自上天或遗传的恩赐，而是他们自己创造出来的。正是由于他们的不断努力，我们后世之人才得以享受幸福生活。

### 4. 培养才能

早期努力是日后成功的坚实基础。假设有一个三四岁的小女孩独自在玩，她打算给自己的洋娃娃缝制一顶帽子。在她干活的时候，假如我们能夸一夸这顶帽子，并且告诉她怎样才能做得更好，这个小女孩一定会大受鼓舞，她会加倍努力，会想办法提高自己的技艺。可是，假如我们对她说："快把针放下！你会扎到自己的。你根本没必要做帽子，我们出去给你买一顶更漂亮的。"那她可能会放弃努力。等到这两个女孩长大以后我们再来做个比较，结果肯定是，前者发展了自己的艺术兴趣，而且喜欢工作；后者则不知道自己该做些什么，并且认为买的东西总比做的要好。

## 三、发现孩子的兴趣

### 1. 儿时的兴趣

假如孩子从小就很清楚自己将来会从事哪种职业，那么他们的发展就简单多了。当人们问孩子长大以后想干什么的时候，他们大多都会给出一个确定的回答。不过，他们的回答通常都没有经过深思熟虑。比如，当他们说想当飞行员或汽车司机时，他们并不知道自己为什么要选择这些职业。我们的任务就是要确认孩子选择这些职业的潜在动机，要辨认出他们的努力方向，要找出推动他们前进的力量和目标，还要找出他们实现目标的办法。此外，虽然孩子在回答未来职业问题时只说出了一种在他们看来具有优越性的职业，但我们完全能够根据他们的回答判断出怎样才能帮助他们实现自己的目标。

十二三岁的孩子对于自己将来从事什么职业应该有更明确的认识。倘若孩子都这么大了还不清楚以后想干什么，那可真是太可悲了。这样的孩子表面上看起来没什么雄心壮志，但这并不意味着他对任何事都不感兴趣。也许他怀有远大的抱负，可是却没有足够的勇气表现出来。在这种情况下，我们必须下工夫找出他的主要兴趣，然后再朝着这个方向培养他。到了十六岁高中毕业的时候，有些孩子仍然拿不准自己将来打算做什么。他们大都学业优秀，但对于自己以后的人生该怎样走下去却一点儿想法都没有。我们可以断定，这些孩子虽然雄心勃勃，与人合作的能力却不怎么样；他们这么大了还没有在劳动分工中找到自己的位置，这预示着他们一时还很难找到一条切实可行的途径去实现自己的雄心壮志。

因此，我们应该从孩子很小的时候就开始询问他们的职业理想，这样做是非常有好处的。我在班上经常会提出这个问题让孩子们思考，为的是提醒他们不要忘记这件事，也是为了不让他们掩藏自己的想法。接着我还要问他们为什么选择这个职业，他们的回答往往很有启发性，能揭示出许多问题来。从一个孩子的职业兴趣中，我们可以观察到他的整个生活方式，观察到他的努力方向以及他所认为的生命中最有价值的东西。我们必须尊重孩子的选择，因为我们自己也说不清哪种职业高尚，哪种职业低下。假如他能认真对待这个工作，并且能致力于造福人类，那他完全可以和其他任何人一样有用，一样重要。他唯一的任务就是训练自己，争取自力更生，并在劳动分工所允许的范围之内发展自己的兴趣。

绝大多数成年人很可能还保留着他们四五岁之前的兴趣。他们一直对儿时的兴趣念念不忘，可是后来迫于经济压力或父母的压力，他们不得不从事自己不感兴趣的工作。这一点也能证明早期培养的影响力和重要性。

### 2. 早期记忆

在进行职业指导时，我们应该对早期记忆予以足够的重视。假如我们在一个小孩的早期记忆中发现他对视觉类的东西比较感兴趣，那么可以肯定的一点是，他更适合于从事用眼比较多的工作。假如有哪个小孩记得某人对他讲话的情形，或者记得风声、铃声之类的东西，那我们便能断定他属于听觉型，也能推测出他有可能适合与音乐有关的工作。还有些记忆中会出现许多动作场面，这证明拥有此类记忆的人偏好行动，也许他们会对那些与手工劳动或户外活动有关的工作更感兴趣。

### 3. 游戏

观察孩子的过程中，我们常常会发现他们在为长大以后将要从事的某种职业做着准备。比如，许多孩子对机械和技术抱有浓厚的兴趣，倘若他们能继续发展自己的兴趣，那么在他们未来的人生中这一兴趣就有希望变成一份成功的事业。从孩子的游戏中我们可以看出他们的兴趣所在。比如，倘若一个小孩长大以后想当教师，那我们便会看到这样的情形：他领着一帮比他小的孩子扮老师和学生玩。

想当妈妈的女孩一般都喜欢玩洋娃娃，她们会通过这个游戏来培养自己对婴儿的兴趣。我们应该鼓励这种对母亲角色的兴趣，不必担心小女孩玩洋娃娃有什么不好。有人认为让小女孩玩洋娃娃就等于是让她们脱离现实，但事实是，小女孩玩洋娃娃只不过是在训练自己认同并实践母亲的职责而已。对女孩子来说，从小就开始做一些母亲该做的事非常重要，要不然她们的兴趣可能会定型在其他方面，以后改也改不过来。

在此我需要重申的一点是，母亲对人类生活的贡献无法估量。如果母亲能关心孩子的人生，能为他们铺平道路，使他们成为有用的、有贡献的社会成员；如果她能扩展孩子的兴趣，培养他们的合作能力，那么她的工作便富有无可比拟的价值。在我们的社会中，人们往往会过分低估母亲的工作，将之视为毫无吸引力或没有多大价值的工作。是的，做母亲的确实领不到正式薪水，做全职主妇的在经济上通常也要依赖别人，但是，一个家庭要想幸福美满，就需要母亲和父亲共同努力。也就是说，无论母亲是全职主妇还是在外做事，作为母亲，她的工作与父亲的工作有着同等重要的作用。

## 四、影响职业选择的因素

倘若孩子在毫无准备的情况下遭遇了疾病或死亡问题，他往往会对这类事情保持浓厚的兴趣，甚至还有可能产生想当医生、护士或药剂师的想法。我认为他在这方面的兴趣和努力应该得到鼓励，因为我发现了这样一个现象：许多对死亡或疾病感兴趣的孩子之所以最终会成为医生，是因为他们很早就开始朝着这个方向训练自己了，而且他们非常热爱这个职业。有的孩子在见识过死亡的真面目之后，可能会采用其他方式来补偿这种恐怖经历给他们造成的影响。比如，他们会希望通过艺术或文学创作来获得永生，或者也有可能会虔诚地投身到宗教信仰中去。

孩子最常见的一个奋斗目标就是想要超越家里的其他成员，特别是要超越父亲或母亲。这个奋斗目标非常有意义，我们很乐意看到下一代能青出于蓝而胜于蓝；而且，假如孩子想在父亲的职业领域超过父亲，那么父亲的经验在某种程度上会成为孩子的良好开端。假如一个孩子的父亲是警察，那么这个孩子的理想往往就是当律师或法官；假如父亲在医院工作，孩子便想成为医生；假如父亲是教师，孩子便想当大学教授。

如果在家庭生活中过分强调金钱的价值，孩子便会只凭收入的多寡来看待工作问题。以收入来衡量工作的优劣是极端错误的，这种人追求的只是钱，他们不会想着要为人类社会作贡献。当然，每个人都应该自立，而在现实生活中确实也有人忽视了这一点，结果就成了别人的包袱。但是话又说回来，假如孩子只对赚钱感兴趣，他便很容易脱离合作的轨道，只顾着去追求一己之私利；假如“赚钱”成了他的唯一目标，社会利益根本不在他的考虑之列，那么为了赚钱，他又怎能不去抢、去骗呢？纵使情况没这么极端，纵使他在赚钱的同时也会考虑到一点点社会利益，那么他虽然有可能赚到许多钱，但他的所作所为对其他人还是没有多大益处。在这个错综复杂、光怪陆离的时代，走拼命赚钱这条路很可能会发财、会成功；甚至在某些情况下，即便走的是歪门邪道也有可能会成功。在这样的现实环境中，我们不能保证一个以正确态度面对人生的人一定能立竿见影地取得成功，但是，我们可以保证他将永远信心十足，并且不会丧失自尊。

## 五、解决办法

对于问题儿童，我们所做的第一步就是要找出他们的主要兴趣。这样做有助于从根本上解决问题，能真正帮到他们。如果是没有固定职业的年轻人，或是事业失败的中年人，我们也应当设法找出他们的真正兴趣，然后再根据这个兴趣为他们做职业指导，同时还要努力帮他们寻找就业机会。这件事做起来可没那么顺利。高失业率是当前社会的焦点问题，这样糟糕的就业环境的确不利于合作能力的提高。因此我认为，任何一个人，只要他认识到了合作的重要性，他都应该尽其所能地去努力，让这个社会不要有失业者，让每个愿意工作的人都有工作可做。

我们可以通过大力发展职业学校、技术学校和成人教育等办法来改善就业环境。许多失业者都没受过什么专门训练，也没有一技之长；他们中的一些人甚至对社会生活从不感兴趣。这些没有一技之长的社会成员，这些对大众利益不感兴趣的人，都是人类社会的沉重负担。这样的人一般会觉得自己毫无价值，觉得自己处于弱势地位。那么我们就不难理解，为什么在罪犯、神经症患者和自杀者当中，这类人占有相当大的比例。正是由于缺乏适当的训练，这些人才远远地落在了别人后面。因此，父母、教师以及所有对人类未来的发展和进步感兴趣的人，都应该努力让孩子们受到更好地培养，让他们有充分的准备，从而能够在劳动分工中占有一席之地。

# 第十一课　个人与社会

## 一、为团结而奋斗

人类最悠久的奋斗目标就是人和人能齐心协力、团结一致。正是由于人与人之间彼此友爱、相互交流，人类才得以成长，进步。家庭是一种组织形式。在家庭中，成员之间彼此关爱是绝对必要的；而且有史以来，人类一直都喜欢聚集起来组成家庭。共同的信仰将原始部落的成员们凝聚在了一起，并使他们获得了身份认同感；这类信仰的目的就是让人们团结起来互相合作。

### 1. 宗教的作用

最简单的原始宗教就是图腾崇拜。某个部落崇拜的也许是蜥蜴，另一个部落则可能崇拜公牛或蛇；崇拜同一个图腾的人住在一起，相互协作，彼此之间情同手足。正是在这些原始习俗的推动下，人类才聚居在一起，开始共同合作。比如，在原始的宗教节日中，所有崇拜蜥蜴的人会聚集在一起，他们会讨论收成，讨论如何抵御野兽和天灾。这也就是节日的意义所在。

在原始社会，婚姻通常被看做是一件关系到整个部落利益的大事。根据社会规定，同一部落的人不得通婚，每个人必须到别的部落去找寻配偶，或者是找图腾与自己不一样的人。即使到了今天，有一点我们仍然需要牢记在心，那就是，爱情和婚姻并不仅仅是个人的私事，它其实是一项公共事务，关系到全人类的心灵和精神发展。婚姻担负着一定的社会责任，这是人类社会对婚姻的期许和要求；婚姻所担负的社会责任之一就是让孩子在充满合作精神的家庭环境中健康成长，并帮助孩子发展其合作精神。既然婚姻与整个社会有如此紧密的联系，那我们所有人都有义务主动去帮助每一桩婚姻。在今天看来，原始社会的种种制度、图腾象征以及复杂的婚俗也许显得相当滑稽，但在当时，这些东西的重要性非比寻常，它们的真正目的和作用就在于增进人与人之间的合作。

宗教所宣扬的最重要的一条教义就是“爱你的邻人”。其实这条教义的目的也是想要增进人们彼此之间的联系和兴趣。值得注意的是，今天以科学的视角来看，增进人与人之间的合作确实具有非常重大的意义。比如，被惯坏了的孩子常常会问：“我为什么应该爱我的邻人？他爱我吗？”这表明他只对自己感兴趣，还没有学会如何与他人合作。一个人如果对其他人不感兴趣，那他在生活中肯定会遭遇极大的困难，与此同时，他还会给别人造成严重的伤害。我们甚至可以说，人类所有的失败都是由这类人造成的。有很多宗教和政治活动都在以自己的方式做着增进合作的努力。在我看来，只要是将合作视为终极目标，人类的任何努力、任何行动都是无可厚非的。大家没有必要争来斗去，也没有必要相互指责或贬低，因为没有哪个人是绝对正确的；换句话说，条条大路通罗马，通往合作这一终极目标的途径也不止一条。

### 2. 政治运动和社会运动

我们知道，在政治上，即便是最好的措施都有可能遭到诋毁。但是话又说回来，倘若没有合作精神，任何人在政治上都将一无所获。因此，每一位政治家都必须将人类的进步视为最终目标；这样一来，他必然就会具备高度的合作精神。究竟哪位政治家或哪个政党能够给人类社会带来真正的进步，这一点只凭我们的个人经验是判断不出来的。不过，倘若有一个政党能让人们在其统治下愉快地合作，那我们就没有理由厌恶或排斥这个政党。社会运动也一样。假如运动参与者的目标是要将孩子们培养成社会栋梁，是要提升孩子们的社会感，那么这类运动便能起到发扬传统、振兴文化的作用，甚至还能依照自己认为是最理想的模式来影响并改变法律。对于这类社会运动的种种表现，我们同样不应该持反对态度。阶级运动也是一项集体性的合作和运动。假如阶级运动的目的在于促进人类进步，那我们也不应该对其抱有任何偏见。

因此，判断任何一个政治运动或社会运动的优劣，都要看它是否有能力增进人们彼此之间的兴趣与合作。我们发现，有助于增进合作的方式有许多种，或许某些方式比其他的更好，但只要目标是指向合作的，那我们就没必要因为某种方式不是最好的而去攻击它。

## 二、缺乏社会兴趣以及无法与人相处

### 1. 个人利益

有一样东西是我们必须反对的，那就是完全受个人利益驱策的那些人的态度。对于个人和集体的进步而言，这种态度是一个最大的障碍。只有人与人之间彼此感兴趣，人类的各项能力才会得以发展。比如，要想获得说、读、写这些能力，前提条件就是必须和他人、和社会有联系、有交流，因为语言本身乃是全人类所共有的，是社会兴趣的产物。理解是大家相互之间的事，并不是专属于某一个人的职责；理解意味着其他人也是这样想的。换句话说，理解就是通过一个共享的媒介将人与人联系起来，这个共享媒介就是人们的共同经验。

有些人只追求个人的利益和自我优越感，他们给生命赋予了一种私人意义，认为活着就应当只为自己一个人谋福利。然而，这并不是一种可以共享的观点，其他人都不可能认同他们这种看法。所以我们会发现，这样的人很难与他人友好相处。倘若哪个孩子已经养成了以自我为中心的性格，那我们往往会在他的脸上看到一种卑鄙或空洞的表情；在罪犯或精神病患者的脸上，我们也会看到同样的表情。不管是儿童还是成年人，这类人都有一个共同特征，那就是，他们看待世界的角度与别人不同，他们从不关注别人，不与别人对视，有时甚至还移开视线，旁顾左右，根本不正眼看人。

### 2. 精神障碍

有许多神经症症状都蕴涵着无法与人相处的倾向，比如，在强迫性脸红、口吃、阳痿或早泄等症状中，这种倾向就特别显著。所有这些症状都暴露出患者缺乏与人相处的能力，对别人缺乏兴趣。

孤僻发展到最严重的地步就会变成精神病。但是，假如能激发起患者对别人的兴趣，那么即便是精神病，也不是完全无药可救的。与罹患其他病症的人相比，精神病人与社会的距离要远得多——当然，或许只有自杀者除外。治疗精神类疾病需要很多技巧，还需要得到病人的合作。在治疗过程中，我们必须保持耐心、亲切和友好的态度，这样才能让病人配合我们。曾经有人请我尽可能地去医治一个患有早发性痴呆症的女孩。她得这个病已经八年了，最后两年是在精神病院度过的。她像狗一样狂吠，吐口水，撕扯自己的衣服，还拼命吃手帕，这些症状表明她已经不再对人感兴趣了。她想扮演狗的角色，这一点可以有两种解释：第一，她觉得母亲一直是把她当狗一样对待的；第二，她这样做或许是在说："我见到的人愈多，就愈想当只狗。"我连续对她说了八天话，她却一言不发。我继续说了下去，三十天后，她终于开始含混不清地说话了。这说明她感受到了我的耐心和友好，于是便受到了鼓舞。

像这样的病人即便受到了鼓舞，她也不懂得如何控制自己的勇气。结果，这种勇气会让她以更激烈的方式抗拒他人。当这个女孩重拾勇气却又不愿意合作的时候，我们甚至可以在某种程度上预测出她可能会有什么样的表现：她就像个问题儿童，竭尽所能地捣蛋、招人厌；她会打破手边的任何东西，甚至还会打护士。事实上，当我再和她谈话的时候，她打了我。遇到这种情况我得好好考虑一下该做出什么样的反应——唯一能让她感到意外的反应就是不还手。这个女孩体格并不健壮，所以我任由她打，同时还友善地看着她。她没料到会这样，于是也就停手不打了。

即便如此，她还是不知道如何控制自己体内那已经苏醒了的勇气，于是便打碎了我的窗玻璃，而且还让玻璃把手给划破了。我没有责备她，只是帮她包扎了伤口。一般人在遇到这类暴力事件的时候，往往会把她监禁起来，或者把她锁在屋里。这种做法是错误的。如果想争取这类病人的合作，我们必须采取不同的处理方式。指望一个精神错乱的人像正常人那样行事，这简直是大错特错。几乎每个人都会被精神病人惹恼、激怒，因为他们的反应与正常人不一样。他们不吃不喝，他们撕扯自己的衣服……那就让他们想干什么就干什么吧，再也没有比这更好的办法可以帮助他们了。

从那以后，这个女孩逐渐康复了。又过了一年，她健康依旧，没有再犯病。一天，在去一家精神病院（她曾经在这家医院住过）的路上，我碰到了她。

“你这是干什么去呢?”她问我。

“跟我来吧，”我说，“我正要去你住过两年的那家医院。”我们一起到了医院，找到了以前曾经治疗过她的那位医生。我建议在我去给另一个患者看病的时候，他最好和这个女孩聊一聊。回来后我发现这位医生非常生气。

“她完全康复了。”他说，“可是有一件事情让我不大开心，她不喜欢我。”

我时不时地还会看到这个女孩。十年来，她一直保持着良好的健康状况，她独立谋生，和别人相处得也很融洽，见过她的人没有一个相信她得过精神病。

妄想狂和抑郁症这两种病症也都极其显著地暴露出了患者和他人的疏远。妄想症患者会谴责所有的人，认为大家都在密谋陷害他。而抑郁症患者则习惯于自责，比如，他会说：“我把整个家都毁了。”或者说：“我失去了所有的钱，这会让我的孩子饿死的。”然而，这样的人即便在自责，那也只是表面现象，他实际上还是在责怪别人。

举个例子来说吧。有一位女士非常著名，影响也很广泛。不过，在遭遇了一次意外事故之后，她便无法继续像以前那样参加社会活动了。她的三个女儿都已经各自成家，所以她非常孤单。而且祸不单行，几乎在同一时间，她又失去了丈夫。她以前被人追捧惯了，现在想要重新找回自己所失去的一切。于是她开始去国外旅行，可是感觉自己再也不像以前那样引人注目了。结果，还没回国就患上了抑郁症。而与此同时，新结交的朋友也都离开了她。

抑郁症可以说是一种令患者周围的人无比头痛的精神疾病。这位女士拍电报让女儿们来看她，但她们都有事，一个也没来。回到家后，她最常说的话就是：“我女儿对我可真是太好了！”她女儿让她独自一个人待着，请了护士照顾她。现在，即便她回国了，她们也只是偶尔来探望一下。所以她说的话其实是一种谴责，每个了解情况的人都能听出她的言外之意。尽管从表面上来看，抑郁症患者只是在为自己的过错而闷闷不乐，但实际上抑郁症隐含的却是患者对他人的长期不满和责备，其目的无非是想从他人那里得到照顾、同情和支持。这一点从患者的最早记忆就可以看出来。抑郁症患者的最早记忆通常应该是这样的：“我记得我想躺在长椅上，但哥哥已经先躺在那儿了，于是我又哭又闹，最后他只好让开了。”

抑郁症患者往往喜欢用自杀来报复别人，因此医生首先要注意的就是避免给他提供自杀的借口。为了缓和患者的紧张情绪，我本人首先会用到这样一个办法，那就是建议他：“绝不做你不喜欢做的任何事情。”这个建议听起来似乎没什么大不了的，但我相信它触及了问题的本质。假如抑郁症患者可以随心所欲地做任何事情，那他又能谴责谁呢？又有什么可报复的呢？“如果你想去剧院，”我对他说，“或者是想去度假，尽管去好了。如果半路上又不想去了，那也没关系。”

这对任何人来说都是一种最理想的生活状态，它能够满足一个人的优越感，能够让他像上帝一样，想做什么就做什么。但是反过来看，这种状态又和他的生活方式是自相矛盾的。他总想支配别人、谴责别人，但假如别人在一切事情上都迎合他、顺着他，那他就没什么可谴责的了。这个办法不但屡试不爽，而且极富成效，我的病人中从来没有自杀的。当然，不用说大家都知道，这类病人最好是有人看着；我有一些病人就一直是被严密看管着的。只要有人在旁边盯着，就不至于出什么大事。

对于我的建议，有许多病人会这样回答："可是我什么事都不想做呀。"

我对这种回答胸有成竹，因为听到的次数太多了。我会接着说："那就不要做你不喜欢做的任何事。"

不过，也有一些病人可能会回答说："我喜欢整天在床上躺着。"

遇到这种情况我非常清楚，若是顺着病人，允许病人这样做，那他肯定再也不想这样做了；而若是阻止他，他便会跟我作对，非要这样做不可。因此，我永远要站在病人这一边支持他，这是一种策略。

我还有一个办法，可以更直接地触及病人的生活方式。我会这样建议病人："最好每天都认真地想一想，你怎样才能让别人高兴？要是用了这个处方，两周内你就可以痊愈了。"想象一下这对他意味着什么吧。他可是一个每天只想着"我怎样才能让别人烦恼？"的人啊。

对于我的这个建议，抑郁症患者的回答相当有意思。有人会说："这对我来说简直太容易了，我一辈子都在做这种事。"当然，他其实从来没有这样做过。

我建议他要认真考虑一下这个问题，他却连想都不想。我告诉他："要是睡不着，你可以利用这段时间想一想，怎样才能让别人高兴？这样的话，你的病情一定会有显著改善。"等到第二天再见到他时，我问："有没有照我说的去做？"他却回答："昨晚我一上床就睡着了。"

当然，这一切都应该在一种诚恳、友好的气氛中进行。作为医生，我们绝不能流露出丝毫的优越感来。

也有人会回答说："我才不那样做呢，我自己还烦着呢。"我会告诉他："烦归烦，偶尔不妨也想一想别人。"我这样做是想把他的兴趣导向其他人。

还有许多人的回答是这样的："我为什么要取悦别人？别人可没想着要取悦我呀！"我会告诉他们："这样是为你的健康着想，不然你以后就更麻烦了。"

不过，极少有病人会回答说："我仔细考虑过你的建议了。"

我所做的这一切都是为了增进病人的社会兴趣。我知道他的真正病因是缺乏合作精神，而且我也想让他自己认清这一点。倘若病人能以平等而合作的态度与他人相处，那就证明他痊愈了。

### 3. 过失犯罪

还有一种行为也明显缺乏社会感，那就是所谓的"过失犯罪"。比如，某人扔掉一根点着的火柴，引起了一场森林大火。再比如，最近有这样一个案子：一个工人下班回家时，把一条电缆忘在了马路上，结果一辆车撞上了电缆，车上的人全部身亡。在这两个案例中，肇事者都不是故意的，因此对于已经发生了的事故，他们似乎不应该负道德上的责任。然而事实证明，他们既不懂得要为他人着想，也不会自觉地采取某些措施来保证他人的安全。这种行为其实是合作精神匮乏的一种表现。类似的情形在生活中并不少见。比如，倘若某个孩子总是邋里邋遢的，倘若某人老是踩别人的脚，倘若他经常摔碎碗碟或敲掉壁炉装饰，这些行为都可以看做是缺乏合作精神的表现。

## 三、社会兴趣和社会平等

我们知道，学校和家庭的职责之一就是培养孩子对其他人、对社会的兴趣；我们也已经看到了，缺乏社会感的孩子在成长过程中有可能会遇到什么样的障碍。社会感或许不是一种得自遗传的本能，但每个人天生具有能够发展出社会感的潜力。这种潜力能否很好地发挥出来，就要看父母是否有足够的技巧，要看父母是否关爱孩子，还要看孩子是如何判断自身环境的。假如孩子觉得别人都充满敌意，觉得自己身处敌人的包围之中，已被逼入绝境，那我们便无法指望他能交到朋友，能成为别人的好友。假如他认为别人应该是他的奴隶，那他便不会想到要去帮助人家，而是只想着如何驾驭人家。假如他只在乎自己的感觉和病痛，那他会把自己与社会彻底隔离开来。

我们前面已经讲过，最好要让孩子觉得自己在家中受到了平等对待，要让孩子对其他家庭成员抱有好感；此外，父母双方应该和谐相处，应该与外界保持友好而密切的联系。这样，孩子才会觉得无论是在家里还是在外面，都有值得信赖的人。我们也讲过，在学校，应该让孩子觉得自己是班里的一分子，是其他同学的朋友，并且要让孩子对同学们的友谊深信不疑，充满信心。总之，家庭生活和学校生活都是在为更广阔的社会生活做准备；家庭和学校的任务就是要把孩子培养成一个合群的社会人，一个和所有人平等的社会成员。只有这样，孩子才能永远信心百倍、勇气十足地面对人生的种种问题，才能为他人的幸福、为人类的利益贡献出自己的力量。

假如一个人能够成为大家的好朋友，能够拥有一份有意义的工作和一桩美满的婚姻，能够为社会做出贡献，那么这个人绝对不会产生自己不如别人或是被别人打败的感觉。他会觉得这个世界是友善的，不仅能让他轻松自如地对付一切困难，还能让他遇到喜欢的人。他会认为："这个世界是属于我的世界，我必须行动起来，绝不能坐等观望。"他完全清楚，自己身处的时代只是人类历史中的一个环节，而自己只是人类整体进程——过去、现在和未来——中的一介微粒；但他也相信，这正是一个可以让自己完成各种创造性任务的时代，是一个可以让自己为人类发展作出贡献的时代。

不可否认，这个世界上确实存在着各种邪恶、困难、偏见和灾难；但它们属于我们自己的世界，所以无论是优点还是缺点，我们都应该接受。我们拥有这个世界，我们要在这个世界上工作，要推动这个世界的进步。我们相信，假如一个人能以正确的方式直面自己的人生，那就说明他为这个世界的进步作出了贡献。

直面自己的人生，这意味着要以合作的方式担负起解决人生三大问题的责任。我们对一个人的全部要求和最高评价就是：在工作中，他是一个好伙伴；在生活中，他是一个好朋友；在爱情和婚姻中，他是一个好伴侣。一言以蔽之，他应该证明自己是一个“人”。

# 第十二课　爱情与婚姻

## 一、爱情、合作与社会兴趣的重要性

德国某地区有一个古老的风俗——考验订婚男女究竟适不适合在一起生活。举行婚礼之前，准新郎和准新娘会被带到一片空地上，那里放着一棵事先被砍倒的树，他们要用一柄长锯把树干锯成两段。这项任务需要两个人共同来完成，目的是要看他们互相合作的意愿有多强烈。倘若他们之间缺乏信任，便会朝着相反的方向拉锯，最后肯定是一事无成；倘若他们中的一个想要抢占支配地位，什么事都想自己做主，那么即便另一个人甘居附庸地位，这项任务也是事倍功半，好事多磨。因此两个人都必须积极主动，相互配合，协调行动。可见，这些德国村民早已认识到了合作乃是婚姻的先决条件。

假如有人问我爱情和婚姻是什么，我会给出下面这个定义，尽管可能不太完整：

“爱情，及其结果——婚姻，是对异性伴侣最亲密的奉献，它的具体表现是身体吸引、结为伴侣以及生儿育女。爱情和婚姻是人类不可或缺的一种合作——这种合作不仅关系到两个人的幸福，也关系到全人类的福祉。”

两个人在爱情和婚姻中的合作会关系到全人类的福祉，这一观点可以涵盖与爱情和婚姻相关的所有问题。比如，身体吸引是人最重要的一种本能冲动，对人类的发展来说，它已经成了一个不可或缺的要素。正如我常说的那样，人类本身存在许多弱点，再加上地球上又有那么多的限制和障碍，所以人类要生存下去并不是件轻松的事；而唯一能够延续人类生命的办法就是繁衍后代。由此可见，生育能力和身体吸引对人类的生存是必不可少的。

今天，人们在爱情这个问题上还有许多分歧和争论。已婚夫妇会面临这些分歧，父母会加入这些争论……总之，每个人都不可幸免，都会牵涉到这些分歧和争论。因此，如果我们想要在这方面得出正确的结论，就必须本着不偏不倚的客观态度；如果我们想要对爱情展开全面而自由的讨论，就必须尽可能地抛开曾经学过的、尝试过的东西，不要让其他观点和意见干涉我们的讨论。

我的意思并不是说要把爱情和婚姻问题当做一个完全孤立的现象来考虑。一个人不可能绝对独立，他肯定要和其他人发生千丝万缕的联系，所以，一意孤行是绝对解决不了问题的。事实上，每个人都会受到某些特定因素的制约，他必须在特定的环境中发展，他所做的任何决定都必须符合环境所提出的种种限制和要求。我之前就提到过制约人类的三个因素，它们全都源自于人类的生存状态。这三个制约因素是：第一，人类生活在宇宙中一个特定的地方，所以必须在环境许可的范围内发展；第二，人类是群居生物，每个人都要和他人发生联系，所以必须学会调整自己适应社会生活；第三，人类分为两种性别，两性之间的关系如何直接影响着人类的未来。

假如一个人关心他人，关心全人类的福祉，那么他做任何事都会顾及他人的利益，他会竭尽全力解决自己的爱情和婚姻问题，就好像这也关系到他人的利益似的。他不一定要十分清楚自己在以这样的方式解决问题，如果问他，他也许无法客观地解释这样做的原因。他对全人类幸福和进步的追求是自发的，这一点从他的所有行动中都可以看到。

有些人则不大关心全人类的福祉，他们的基本人生观并不是“我能为其他人做些什么?”或“我怎样才能成为集体的一分子?”而是“我从生活中得到了什么好处?其他人是不是非常关心我?他们会不会欣赏我?”倘若一个人是抱着这样的态度生活的，那他就会以同样的态度来处理爱情和婚姻问题，他会经常问:“爱情和婚姻能给我带来什么好处?”

爱情并不像某些心理学家以为的那样纯粹是一种自然行为。性是一种欲望，是一种本能，但爱情和婚姻问题并不单指如何满足性欲这一个问题。不管从哪个角度看，我们人类的欲望和本能都是先进的，文雅的，有教养的。我们能够克制一些欲望和倾向;为了他人的利益，我们学会了怎样才能不冒犯对方，比如，我们懂得怎样才能让自己看上去既干净又体面。即便是吃，它也不再是单纯的自然行为，也不再是单纯的本能欲望，因为我们有高雅的口味和饮食礼仪。我们的欲望已经全都适应了我们的社会，这表明我们已经懂得做任何事情都要顾及全人类的幸福，都要顾及我们的社会生活。

如果我们以这样的态度来看待爱情和婚姻问题，便会发现，爱情和婚姻并不仅仅属于个人问题，它还关系到全人类的利益，关系到个人对人类和人类社会的兴趣。爱情和婚姻的前提就是一个人要对自己的同类感兴趣。若想成功地解决爱情和婚姻问题，我们必须要开阔视野，必须要考虑到人类的整体利益，否则，不管从哪个角度来讨论这个问题，不管提出多少让步、改变或新的规章制度，我们都不会有多大进展。也许我们能取得一些进步，也许我们能找到更好的答案;然而，倘若果真找到了更好的答案，那这个答案之所以好，也正是因为我们更加全面地考虑到了人类的整体利益，更加深刻地认识到了这样一个事实：人类生活在一个障碍重重的星球上，人类由两种性别构成，因此，为了生存，两性之间必须保持良好的关系，人与人之间必须保持良好的合作。只要我们的答案考虑到了这些情况，那其中必定蕴涵着真理。

### 1. 平等的伴侣关系

如果我们以这样的视角来看待爱情和婚姻问题，那么首先便会发现爱情是两个人共同的任务。对许多人而言，这肯定是一个全新的任务。在我们所接受的早期训练当中，有些是教我们如何单独工作，有些则教我们如何与一群人协作，但是一对一的工作经验相对来说却非常少。因此，新任务的出现必然会引发一些问题。但如果双方都是对人类社会感兴趣的人，他们彼此之间便很容易产生兴趣，这样的话，问题解决起来就会容易得多。

我们甚至可以这样说：伴侣之间要想融洽相处，一方应该关心对方甚于关心自己。这一点是爱情和婚姻得以成功的唯一保障，由此可见，有许多婚姻观念以及婚姻改革提议明显是错误的。假如在爱情和婚姻中，每一方关心另一方都甚于关心自己，那么他们之间必然是平等的；假如两个人不但相亲相爱，而且还懂得互相奉献，那他们便不会觉得自己在爱情和婚姻中受到了控制或压抑。不过，只有双方都抱着这样的态度，平等才有可能实现；只有双方都愿意竭尽所能地使对方过得舒适安逸，他们才会有安全感，才会觉得别人需要自己、自己是有价值的。讲到这里我们就应该能看出来婚姻的基础究竟是什么，幸福的婚姻意味着什么。答案是：婚姻中的任何一方都能感觉到自己的价值，觉得自己是不可替代的，伴侣需要自己；并且，还会觉得自己行为得体，表现良好，既是另一半的佳偶，也是他（她）的良友。

爱情和婚姻需要两个人的共同合作，而且合作中的任何一方都不应该处于从属地位。倘若有一方想支配对方，想强迫对方服从，那么这两个人便无法和谐美满地生活在一起。当今时代，有很多男性（事实上也包括很多女性）都相信，男人的职责就是要统治，要发号施令，要扮演领导角色，要当一家之主。正因为如此，我们才会看到这么多不愉快的婚姻。没有人能够心平气和地忍受卑下地位，所以伴侣之间必须是平等的；只要彼此平等，他们总能找到解决问题的办法。比如，在生儿育女的问题上他们会达成一致。他们清楚，若是决定不生孩子，就表明自己不愿意为保障人类的未来而出力。在教育问题上他们也会达成一致。如果他们之间出现了什么问题，他们会立刻解决，因为他们清楚，不幸的婚姻会给孩子造成很大的伤害，孩子在这样的环境中不可能得到良好的发展。

## 二、为婚姻做准备

当今社会，很少有人为合作做好了充分准备。我们的教育太注重个人的成功，我们也太注重从生活中获取，却不愿意为社会付出。不难理解，当两个人结了婚，亲密无间地生活在一起的时候，倘若他们不能友好地合作，倘若他们不能投入地关心对方，那么后果肯定会很严重。大多数人是第一次和另一个人这样亲密无间地一起生活，他们还不习惯考虑另一个人的兴趣、目标、欲望、梦想和抱负，对这个“共享”任务中有可能出现的种种问题也没有做好充分准备。这足以解释为什么我们周围有那么多人会在婚姻问题上犯错误。但现在是该我们反省的时候了，是该我们学习怎样才能避免错误的时候了。

### 1. 生活方式、父母影响与婚姻态度

一个人成年后所遭遇的任何危机都可以追溯到他的早期教育，也就是说，幼年时期就已经形成了的生活方式决定着成年后的种种行为，婚姻也不例外。婚姻问题并不是一夕之间出现在成年人面前的，早在幼年时期，人们就已经开始为婚姻做准备了。在孩子的典型行为中，在他的态度、思想和行动中，我们都可以看出他为了将来的成年生活是如何训练自己的。早在五六岁时，孩子对待爱情的基本态度就已经定型了。

我们发现，早在幼年时期，孩子就已经在培养自己的爱情观和婚姻观了。我们绝对不能以为他这是在感受成人意义上的性冲动；事实上，他只是在对日常社会生活的某一方面形成自己的看法而已，因为他觉得自己是生活的一分子。在他所生活的环境中，爱情和婚姻是一个必不可少的组成要素，那么不用说，当他构想未来蓝图的时候，自然会考虑到爱情和婚姻，自然会对这个问题有一定的理解，会采取一定的立场。

如果孩子很小的时候就表现出对异性的兴趣，就开始为自己挑选心仪的对象，我们绝对不能认为这是一种错误的行为，是胡闹，或者是早熟的性冲动，更不能嘲笑这种行为，而是应该将之视为孩子为爱情和婚姻所做的准备，视为孩子在爱情和婚姻问题上向前迈出的第一步。我们不应该贬低爱情，而是应该对孩子的看法表示赞同。我们要让孩子认为爱情是一项奇妙的挑战，是一项关系到全人类利益的挑战，他应该接受这一挑战，并为这一挑战做好准备。这样，我们就能在孩子的心灵中树立起一个理想，能让他在未来的人生中以友好的态度对待他人，并和他人建立密切的伙伴关系。

假如父母的婚姻和谐美满，孩子在这方面的准备总是要更充分

一些。孩子对婚姻的最初印象来自父母的婚姻生活，所以也难怪生活中大部分的失败者都出身于破裂家庭，都经历过不幸的家庭生活。假如父母本身就缺乏合作能力，那他们当然不可能教会孩子去合作。因此，人们在考虑某个人是不是合适的结婚对象时，往往要看他是否在良好的家庭环境中长大，还要看他对父母、姐妹和兄弟的态度，最重要的是，要看他的爱情观和婚姻观是在什么样的环境中形成的。不过，在这个问题上我们必须要慎重，因为正如我们之前已经讲过的，对一个人起决定作用的并非环境，而是他本人对环境的理解，这种理解非常有用。大家可能经常会看到这样一个现象：尽管有些父母的婚姻并不和谐美满，但他们的孩子仍然会自觉地、全心全意地拥护一夫一妻制。这个现象很有启发性，它告诉我们，父母带给孩子的可能是极不愉快的家庭生活经历，但这或许能激励孩子将来在自己的家庭生活中做得更好，他可能会因此而非常努力地为婚姻做准备。所以，我们绝不能因为一个人出身于不幸的家庭，就对他妄加评判或是排斥他。

### 2. 友谊与工作的重要性

友谊是发展社会感的一个途径。从友谊中，我们能够学会用另一个人的眼睛来看，用他的耳朵来听，用他的心灵来感受。假如一个孩子遭遇过挫折，假如他始终生活在别人的羽翼之下，假如他是在孤独寂寞中长大的，没有朋友，也没有伙伴，那他便不可能发展出与别人友好相处的能力，他会认为自己是世界上最重要的人，并且只想着如何保护自己的利益。

培养友谊是为婚姻所做的一项准备。假如某项游戏需要不同的人参与其中、一起合作，那么它或许能算得上是一项有益的游戏；但是在儿童的游戏中，我们经常看到的却是竞争，是赶超别人的欲望。我们应该让孩子们有更多的机会在一起工作、讨论、学习，这对他们的成长非常有利。我认为在这方面舞蹈应该能起到一定的作用，因为舞蹈是一项由两个人共同完成的娱乐活动。当然，我所指的并不是表演性很强的那种舞蹈，而是两个人或多个人一起跳的舞蹈。假如能让孩子学会一些简单容易的舞步，这对他们的发展将大有裨益。

工作也是人们为婚姻所做的一项准备，因为当今这个时代，人们在面临爱情和婚姻问题之前通常会先遇到工作问题；此外，在婚姻中，伴侣一方或双方必须有工作，这样才能养家糊口。可见，为婚姻做准备也包括为工作做准备。

### 3. 性教育

我从不鼓励父母过早地给孩子讲解身体方面的性知识，也不赞成父母告诉孩子太多他还没想要知道的东西。孩子是怎样看待爱情和婚姻问题的，这一点非常重要；倘若处理不当，他会把这类问题视为危险的东西，或者视为自己力所不及的事情。根据我的经验，在很小的时候——如六岁之前——就对成人关系有所了解的孩子，还有那些早熟的孩子，他们在日后的生活中往往会更害怕爱情，身体吸引对他们来说也是件危险的事。如果孩子在较为成熟之后才开始接触这方面的知识和经验，那他就不会那么害怕，在这件事上犯错误的几率也要小得多。

关键在于，不要对孩子撒谎，不要回避他的问题，而是要弄明白他所提的问题背后隐含了什么；并且只解释他希望知道的事情以及我们确信他能理解的事情。多余的性知识会造成很大的危害，因此这个问题和其他人生问题一样，最好让孩子掌握主动权，他想知道什么，我们再回答他什么。假如孩子和父母彼此信赖，他就不会受到任何伤害。

人们普遍认为孩子容易听信同伴的蛊惑，容易被同伴误导。事实上，孩子如果有良好的合作和独立能力，他绝对不会被无凭无据的传闻伤害到；我还从来没有见过一个各方面发展都很健康的孩子会因此而受到伤害。孩子不会不假思索地轻信同学告诉他的任何事情，他对这些道听途说的东西大都持怀疑态度；如果不能确定听到的是不是真的，他会去问父母或哥哥姐姐。我不得不承认，在这种事情上，孩子往往比大人更敏锐，更老练。

### 4. 对选择伴侣的影响

即便是成人性行为中的身体吸引，也是在幼年时期便开始显露端倪的。孩子对好感和吸引力的认识，身边的异性给他留下的印象，这些都是身体吸引的开端。男孩通常从母亲、姐妹或身边的女孩那里得到此类印象，这将影响到以后他对伴侣的选择——对他有身体吸引力的人差不多都和他早期环境中的那些人有某些相似之处。当然，他对伴侣的选择有时候也会受到文艺作品的影响。不管怎么说，一个人选择什么样的伴侣往往取决于他那由来已久的审美观。那么从广义上来讲，一个人成年以后就再也不会有选择的自由，因为他的选择倾向早在幼年时期就已经形成了。

这种对美的追求并不是无目的的。健康和有益于人类进步乃是我们的基本审美目标，我们所有的感官都被这个目标深深吸引，我们运用一切才能，使出浑身解数，都是为了追求这个目标。我们感觉到了美，我们在追求美，我们无法抗拒美。我们视为美好的东西，一般都是永恒的东西，是对人类利益和未来有贡献的东西，也是我们希望我们的孩子会去追求的东西。这就是美，永远令我们向往的美。

假如男孩与母亲不和，或者女孩与父亲不和（这种情况经常出现在婚姻不幸的家庭中），他们日后便会寻找和父母相反的对象。比如，母亲若是对男孩唠叨不休、责骂不断，而这个男孩既软弱又不喜欢被支配，那么对他有性吸引力的女性可能就是那些看上去不怎么飞扬跋扈的人。假如他很容易犯错，可能就会找一个外表强壮的伴侣，这是因为他更喜欢力量，或者是因为他觉得能找到强壮的伴侣就足以证明自己是强有力的。假如他和母亲之间的嫌隙非常深，那他在爱情和婚姻问题上便有可能遇到障碍，有时候甚至很难感受到异性之间的身体吸引。这种障碍程度不一，倘若达到最严重的程度，他会彻底排斥异性。

## 三、婚姻的承诺与责任

在爱情和婚姻问题上，一个人最糟糕的表现就是只懂得追求一己之私利。假如他从小到大都是这样，那他便会时刻盘算着能从生活中得到什么享乐和刺激，时刻想着要得到自由，要让对方迁就自己，但却从不考虑怎样才能使伴侣过得安逸充实。这简直就是灾难性的做法。打个比方来说，他这样做就好像是在缘木求鱼，是完全错误的。

所以说，当我们面对爱情的时候，不能一味地找借口逃避责任。伴侣之间中若存在犹疑和猜忌，爱情便很难精彩绽放。婚姻需要一生的承诺，有了一个坚不可摧、矢志不渝的承诺，婚姻才能称其为婚姻。此承诺意味着两个人要一起生儿育女，繁衍后代，意味着两个人要共同教育孩子，培养孩子的合作精神，还意味着两个人要竭尽所能地使孩子成为真正有用的社会栋梁，成为真正有能力、有社会责任感的人类成员。美满的婚姻是养育下一代的最佳方式，也是婚姻最理想的境界。婚姻可以说是一项工作，它有自己的规则和定律。平等合作是婚姻的永恒定律，倘若伴侣中的一方高高在上而另一方却备受忽视，这说明我们已经违背了平等合作的定律。

谁若是给自己的责任定了期限（比如五年），或者是把婚姻视为一段试验期，那他便不可能找到亲密而忠贞的真爱。男方或女方若是预留了这样一条退路，那他们对婚姻这项工作就不会全身心地投入。同样道理，面对人生中其他严肃而重要的工作，我们也绝不能像这样预先安排脱身之计。总之一句话，我们不应该预先给爱情做任何限定。此外，有些好心人还试图找出其他合作方式来替代目前的婚姻形式。他们虽然是出于好意，但这种做法却是错误的，因为他们所提出的替代方式可能会牵制已婚夫妇们的努力——在新的合作关系中，已婚夫妇或许更容易远离婚姻，更容易逃避自己在婚姻中理应承担的责任。

我知道当今社会还存在着许多障碍，即使我们有心要解决爱情和婚姻问题，由于这些障碍的存在，我们也很难找到正确的解决办法。然而，我觉得我们不应该为此而放弃爱情和婚姻，我们要做的是消灭社会上的种种障碍。

### 1. 常见的问题

众所周知，忠实、正直、可靠、不保留、不自私……这些都是甜蜜爱情的必备条件。假如一个人相信忠实就是爱情的全部，这说明他显然还没有做好结婚的充分准备。假如夫妻双方都同意保留个人的自由，那他们就不可能结成真正的伴侣关系，他们的关系绝对称不上是真正的婚姻。在婚姻中，我们不能无拘无束、自由行动，因为我们已经承诺要互相合作。下面这个例子可以很好地说明，假如夫妻双方都同意保留个人自由，这对婚姻没什么好处，也不利于人类的幸福，而且还会伤害到夫妻双方。一对离过婚的男女结了婚，他们都是有教养、有文化的人，都衷心希望这次的婚姻一定要好过上一次。然而，他们并不清楚自己的第一次婚姻为什么会失败；他们在寻求一种更先进的男女关系，但却没有意识到自己缺乏社会感。他们自命为自由思想者，想拥有一种彼此永不厌倦的现代婚姻，因此约好两个人在一切事情上都完全自由，可以做自己想做的任何事，但前提是彼此要信任，要把自己做过的每一件事都告诉对方。

在这一点上，丈夫显然比妻子大胆得多。一回到家，他就告诉妻子很多自己的风流韵事，而妻子听得津津有味，似乎对丈夫的情场得意深以为荣。妻子本人一直想有这样的艳遇，想到处留情，但每到行动之前，她便会患上广场恐惧症。后来，她再也无法单独出门，恐惧症迫使她只能待在家里；一踏出家门，她便惊恐万状，不得不退回去。因为广场恐惧症，她不能做自己想做的事，但事情远不止这些。最后，由于她无法单独出门，丈夫只好一直陪在她身边。瞧，就这样，婚姻自身的规律粉碎了他们的约定，丈夫再也不能当自由思想者了，因为他要陪着妻子；妻子本人也无法享受自由，因为她害怕单独外出。若要治愈这位女士，就必须转变她的观念，让她对婚姻有更好的理解；而与此同时，她的丈夫也应该转变观念，应该将婚姻视为一种合作伙伴关系。

有些错误在婚姻刚开始就已经铸成了。从小娇生惯养的孩子结婚后常常会有被忽视的感觉，这是因为他还没有学会如何去适应社会生活。娇生惯养的孩子结婚后有可能成为暴君，而他的伴侣会觉得自己受到了伤害、被骗了，于是便会反抗。倘若两个娇生惯养的人碰到一起，肯定会发生许多有意思的事。这两个人都要求对方关心自己、照顾自己，但没有一方会感到满足。接下来他们便会寻找脱身之计，为了得到更多的关注，其中一方可能会有外遇。

有些人做不到只爱一个人，必须同时爱上两个人，这样他们才有自由的感觉，才可以从一个人身边逃到另一个人身边，根本不用为爱情负任何责任。实际上，脚踏两只船就意味着一个也得不到。

还有一些人则幻想着一种浪漫的、理想的或难以企及的爱情，这样他们便可以沉迷于感觉之中，无须在现实生活中寻觅伴侣。浪漫的理想可以有效地将所有的恋爱对象拒之门外，因为现实生活中没有一个人能百分百符合理想标准。

有许多人在成长过程中遇到了不少障碍，于是他们便学会了讨厌并排斥自己的性别角色。他们一直在压抑自己的生理机能，倘若不接受治疗的话，生理上的问题就会成为他们婚姻中的绊脚石。如前所述，这种现象我称之为“男性抗议”，造成这种现象的直接原因就是当今社会对男性的评价过高。假如孩子对自己的性别角色有所怀疑，那他就很容易产生不安全感。只要人们认为男性是社会的中坚力量，那么不管是男孩还是女孩，他们都会觉得男性身份是令人羡慕的。于是，他们便有可能怀疑自己是否有能力胜任这个角色，有可能过度强调男子气概的重要性，也有可能会想方设法地回避男性的领域。

在当今社会中，我们经常会看到一些人对自身的性别角色心怀不满。这或许是造成女人性冷淡和男人身心型阳痿的根本原因。这类病人对爱情和婚姻的抗拒通常表现为生理抗拒。除非真正相信男女是平等的，否则这样的问题会层出不穷。全世界只要有一半人还有理由不满意自己的社会地位，那么这种不满将会给婚姻造成巨大的危害。我认为，补救办法就是培养平等精神，同时，还应该让孩子对自己将来要扮演的角色充满信心。

我相信，只要婚前不发生性关系，爱情和婚姻中的亲密奉献便会有保障。我们都知道，如果自己的爱人结婚时不再是处女，大多数男人心里其实都不舒服，有的男人甚至还会大动肝火，认为这表示爱人是个水性杨花的人。而且，在我们的社会中，倘若婚前有过性行为，女性的精神压力要比男性大得多。

还有，假如一个人步入婚姻殿堂是出于恐惧而非勇敢，这也是一个很严重的错误。我们都知道勇气是合作的一个重要因素；男人和女人若是因恐惧而选择了伴侣，这表明他们并非真心想与对方合作。假如他们选择的伴侣是酗酒者，或者是社会地位和教育程度远不如自己的人，这亦是恐惧在作祟——他们害怕外面的世界，想要在爱情和婚姻中为自己营造一个受伴侣尊崇的环境。

## 四、求爱

一个人接近异性的方式能够体现出他的勇敢程度以及他的合作能力大小。每个人在求爱过程中都有他独特的方式、风格和气质，这与他的生活方式是相符的。他在恋爱中的行为方式透露出了他的生活态度：是肯定人类未来，充满信心，富于合作精神呢，还是只关心自己，时常临场退缩，并翻来覆去地问自己："我给别人留下的是什么印象？大家会怎么想我？"男人追求女人时有可能慢条斯理、小心谨慎，也有可能大胆热情、狂追猛攻。不论是哪种方式，他的求爱行为都是由他的目标以及生活方式所决定的；并且，他的求爱行为也属于生活方式的一种表现。我们不能仅凭男人的求爱行为就来判断他是不是一个合适的结婚对象，因为求爱的时候他前面摆着一个直接目标，而在处理其他事情的时候，他有可能就会优柔寡断，犹豫不决。然而尽管如此，我们仍然可以从一个人的求爱行为中看出他的某些人格特征来。

在我们的文化中，人们一般认为男性在恋爱的时候应该采取主动，应该首先表达爱意。因此，只要这个传统还在，就有必要培养男孩的男性气质——主动、不犹豫、勇于开拓。不过话又说回来，只有当男孩真正意识到自己是社会的一分子，并且能够以社会为己任，他才能真正拥有这种男性气质。当然，女性也可以求爱，她们也可以采取主动，但在西方目前的文化氛围中，女性觉得自己必须要比男性保守，所以我们通常只能从她们的容貌风姿、穿着打扮、走路姿态以及顾盼谈吐中看出她们接近男性的意图。总而言之，在求爱过程中，男性的方式比较简单直接，女性的则更深沉、复杂。

## 五、经营婚姻

### 1. 婚姻中的生理问题

在伴侣之间，性吸引力是必不可少的，但它必须以人类幸福为最终目标。伴侣们若是彼此相爱，他们之间的性吸引力便永远不会消减。性吸引力消减通常意味着感情变淡、缺乏兴趣，它告诉我们，这个人不再觉得自己和伴侣之间是平等友好的合作关系，也不再愿意去充实伴侣的生活。也许有些人认为，即便身体吸引消失了，彼此间的感情应该还在。但事实绝非如此。有时候我们的嘴巴在说谎，大脑尚未反应过来的时候，身体就已经把我们出卖了。假如生理机能出了问题，那么肯定是这两个人之间存在着某种分歧，以至于他们彼此失去了兴趣，至少有一方不再想继续他们的爱情和婚姻，而是打算另寻出路。

人的性欲和其他动物的性欲还有一点不同之处就在于它是连续性的。连续性性欲能够保障人类的未来，正是因为它，人类才得以生生不息、欣欣向荣。其他动物则不然，它们采用别的方式来确保自身的延续。比如，有许多雌性动物会产下大量的卵，其中多达一半都无法坚持到最后的成熟阶段，一些卵失落了，还有一些卵被毁坏了，但由于数量巨大，总有一些卵能够存活下来。

人类若要繁衍下去，就必须生儿育女。我们发现，那些完全出于自发地关心人类利益的人，就是最有可能生育孩子的人；而那些对人类社会不感兴趣的人，他们都在有意或无意地拒绝担负生育的重任。假如他们总是索求，总是期待，却不愿意给予，不愿意付出，那他们便不会喜欢孩子。这样的人只知道关心自己，他们觉得孩子是累赘，是麻烦，是占用时间和精力的某个东西，而他们宁愿把这些时间和精力全部用在自己身上。可以说，要想圆满解决爱情和婚姻问题，生儿育女的决心是必不可少的。而我们也知道，美满的婚姻是养育下一代的最佳方式，这一点所有的婚姻都无法回避。

### 2. 一夫一妻制、努力付出与现实态度

在现实社会中，要想解决爱情和婚姻问题，最实用的办法就是一夫一妻制。一夫一妻制要求伴侣之间无私奉献、互相关怀；任何人一旦步入这种婚姻关系，就绝不应该破坏一夫一妻制这个基本原则，也不应该寻找脱身之计。当然，大家也都知道，婚姻有破裂的可能性，而且很不幸，这一点我们总是避免不了。但如果将婚姻和爱情视为一种我们必须承担起来的社会责任，必须完成的任务，婚姻就没那么容易破裂了，而且我们还会想尽一切办法去解决婚姻中存在的问题。

婚姻之所以会破裂，一般是因为伴侣们没有精诚合作，没有全心全意为婚姻付出努力，只是等着天上掉下馅饼，自己好坐享其成。倘若以这样的态度来解决问题，他们注定会失败。还有，某些人会把婚姻当做一片理想的乐土，或是当做故事的幸福结局。这种观念也是错误的，因为只有在结婚之后，两个人的合作关系才算正式开始；只有在婚姻中，他们才会面临真正的人生任务，才真正有机会为人类社会做贡献。

把婚姻当做幸福结局或最终目标的观念在我们的文化中非常突出，比如，无数的小说故事都是以两个人结婚而告终的。虽然恋

人们的共同生活实际上是在结婚以后才正式开始的，但小说情节处理得好像结婚本身就意味着一切事情都得到了圆满的解决，意味着新婚夫妇排除万难，终于抵达了终点，从此以后将永远幸福地生活在一起。还有一点我们必须要认识到，那就是，爱情本身并不能解决一切问题。每个人的爱情观不同，爱的方式也不一样，所以要解决婚姻问题，最好是依靠工作、兴趣与合作。

婚姻关系中并没有什么不可思议的事情。我们知道，每个人对待婚姻的态度都是其生活方式的一种表现，因此，只要了解了这个人，了解了他的努力方向和目标，便能了解他的婚姻态度。比如，用这个方法可以找出为什么有那么多人总想逃避婚姻的原因。我可以准确地判断出什么样的人会对婚姻抱有逃避的态度——他们就是被惯坏了的孩子。

被惯坏了的孩子长大成人之后有可能会成为社会上的危险人物。尽管他们长大了，但他们的生活方式早在四五岁的时候就已经定型了。他们在任何情况下都会问："我能得到想要的一切吗?"如果得不到想要的东西，他们便认为生活是没有目的、没有意义的，便会产生疑问："如果得不到我想要的东西，活着又有什么用呢?"于是他们会感到悲观绝望，会生出一种"求死的愿望"。结果，他们不但会把自己搞得病病怏怏、神经兮兮，而且还会从错误的生活方式中总结出一整套处世哲学来。他们认为自己的想法是独一无二的，是至关重要的；认为如果非要他们压抑自己的冲动和情感，那就摆明了是这个世界在居心叵测地刁难他们。这就是他们的成长之路。很久以前，他们曾经有过一段美好的时光，那时，他们想要什么就可以得到什么。或许他们中的一些人仍旧以为，只要哭得够久，只要抗议得够强烈，只要拒绝合作，就能得到想要的东西。

他们从不放眼人生，也不关心社会，只考虑一己之私利。结果，他们不愿意奉献，总是盼着天上能掉个大馅饼下来。对他们而言，婚姻也是一件可以“剩货包退”的东西。他们想要露水夫妻式婚姻、尝试性婚姻以及离婚容易的婚姻；他们刚结婚便会提出要求——万一感情变了，他们可以跟着感觉走，可以有选择的自由，可以背弃这段婚姻。然而，假如一个人真正关心另一个人，他一定会具备这种关心的所有特征：可靠、忠诚、有责任感，是个真正的朋友。假如一个人的爱情和婚姻中缺少这些特征，那就说明他的爱情和婚姻是失败的。

关心孩子的幸福也是婚姻必不可少的责任。假如婚姻不是我所说的那种美满婚姻，那么在养育孩子方面便会出现很多问题。假如父母争吵不休，对自己的婚姻不满意，假如他们对自己的婚姻能否继续下去持悲观态度，认为问题根本就无法解决，那么在这样的家庭环境中，孩子很难养成开朗合群的性格。

### 3. 解决婚姻中的问题

或许有很多原因可以让两个人无法继续生活在一起，或许在某些情况下他们最好还是分开，可是，这个决定应该由谁来做呢？这些逃离婚姻的人不明白婚姻是一项任务，他们只关心自己的人生，他们看待离婚就像看待婚姻一样，总想着“我从中能得到什么好处？”他们结了离，离了又结，而且总在犯同样的错误。我们能将决定权交在他们手上吗？

这些人显然不是能做决定的人，那又应该由谁来决定呢？也许我们会想，如果婚姻出了问题，应当由心理医生来决定这桩婚姻是否该结束。这里有一个问题。我不知道在美国是否也如此，但是在欧洲，我发现大部分心理医生都认为个人幸福是最重要的事情。因此，假如有人向他们请教这类问题，他们一般会建议人家去找个情人，以为这样便可以解决一切问题。我确信，终有一天他们会改变想法，不再给别人提这种建议。他们之所以提出这样的解决办法，是因为没有从整体上来理解爱情和婚姻问题，没有看到爱情和婚姻与其他人生问题的密切联系。这其实也就是我一直在提醒大家注意的整体观。

如果认为婚姻可以解决个人的问题，这也是犯了类似错误——没有从整体上来看待问题。在这方面，美国的情况我还不了解，但我知道在欧洲，倘若男孩或女孩变得神经质，心理医生往往建议他们去找一个情人，开始一段性关系。对于成人，他们也给予同样的建议。这实际上是把爱情当做了一剂灵丹妙药，但服用此药的人肯定会更加茫然失措。假如能培养出完美的整体人格，爱情和婚姻问题便能迎刃而解。除了爱情和婚姻之外，人生中没有哪一个问题能和快乐联系得如此紧密，也没有哪一个问题能和有用、有价值的人生联系得如此紧密。因此，我们既不能随随便便地将爱情和婚姻视为琐屑小事，也不能将之视为改造罪犯、治疗酗酒或神经症的良药妙方。只有在接受了正确的治疗之后，神经症患者才适合谈恋爱、结婚；如果还不具备正确处理爱情问题的能力就贸然投入，那他必然会遭遇到新的危险和不幸。婚姻是一个崇高的理想，想要使它美满成功，我们必须付出极大的努力，必须做许多富有创造性的事情。

某些人结婚的动机并不单纯。他们有的是为了要得到经济保障而结婚，有的是因为同情别人而结婚，还有的则是想找个人伺候自己而结婚。婚姻中绝不容许有这些不相干的东西存在。我还知道有的人结婚甚至是为了要增加自己的困难。比如，一个年轻人在学业上或择业上面临许多困难，他觉得自己很可能失败，便想为失败找个借口，于是结了婚，用婚姻这个额外的任务来掩饰自己在其他方面的失败。

## 六、婚姻与男女平等

我们绝不应该低估或小看爱情问题，而是要更加重视它。在我听到的所有案例中，女性往往是真正的受害者。可见，在我们的文化中，男性要比女性轻松得多。这是社会的错，是社会对婚姻造成了负面影响；个人反抗是无法解决这个问题的，尤其是在婚姻中，个人反抗不但会影响到夫妻关系，还会影响到每个人的幸福。只有认清我们的文化传统，并设法加以改变，这个问题才能得到有效的解决。我的一个学生——底特律的罗西教授（Professor Rasey）——做过一项调查。她发现调查中有42%的女孩希望自己是男孩，这表明她们对自己的性别不满意。假如有将近一半的人类都感到失望灰心，假如这一半人既痛恨自己的社会地位又痛恨另一半人享有更多的自由，那我们又怎能轻而易举地解决爱情和婚姻问题呢？假如女性总想着自己被人轻视，相信自己只不过是男人的玩物，而男人的天性就是花心、不忠实，那么爱情和婚姻问题能够顺利解决吗？

综上所述，我们可以得出这样一个既简单明了又实际有用的结论：无论是采取多夫多妻制，还是采取一夫一妻制，都有违人类的天性。然而，我们必须要面对一个事实，那就是，人类共同居住在地球上；尽管人与人是平等的，但我们还是有两性之别；我们每个人都要面临生命给我们提出的三大任务。这个事实让我们认识到，只有一夫一妻制才能确保个人在爱情与婚姻中得到最圆满、最充分的发展。